GEMÜSE POWER

ERNTE SO VIEL DU KANNST –
JEDE MENGE GEMÜSE AUF KLEINER FLÄCHE

KOSMOS

INHALT

Mit leckeren Rezepten

Für eine nachhaltige Zukunft

Gemüsepower

Schön, dass du da bist & herzlich willkommen im Dorfgarten!
Mein Name ist Lucia Francesca, 26 Jahre alt und leidenschaftliche Inhaberin eines Market Gardens in der Nähe von Jena (Thüringen).

Meine Passion für das Gärtnern wurde voraussichtlich schon im Babyalter durch meine Urgroßeltern geweckt. Durch sie habe ich gelernt, wie wichtig es ist, sich in und mit der Natur zu beschäftigen, dankbar zu sein und sich in einem gewissen Maß selbst zu versorgen.

Meine Schulzeit verbrachte ich auf der Sportschule in Jena, die Leichtathletik hatte mich voll und ganz in ihren Bann gezogen. Dort lernte ich auch meinen heutigen besten Freund und Mann kennen. Auf unserem gemeinsamen Balkon baute ich vor über 10 Jahren das erste Gemüse an. Immer mehr als wir selber essen konnten – vielleicht kennt ihr das ja auch? Die Anzucht begann damals schon unter einer LED-Lampe.

Dieser Balkon glich einem Urwald – windende 3 m hohe Tomatenpflanzen, Minihochbeete, Balkon- und Hängekästen. Jedes Jahr habe ich den Pflanzplan angepasst, um mehr auf diesen vier Quadratmetern Fläche ernten zu können. Nach einigen Jahren zogen wir auf ein kleines Dorf in der Umgebung.

Den Dorfgarten als Market Garden gibt es in seiner jetzigen Größe seit 2021. In der Covidzeit wollte ich als frisch gebackene Mama eine zukunftsfähige Alternative zum Supermarkt für uns und andere Familien schaffen.

Was die Gemüse- und Obstproduktion angeht, kann sich Deutschland nur noch mit weniger als einem Viertel mit Obst und Gemüse selbst versorgen. Daher sind wir als Gesellschaft stark von den Ländern, wie z. B. Spanien und den Niederlanden, abhängig. Doch wie lang hat diese Landwirtschaft noch eine Perspektive in der Zukunft?

Wann sind diese Böden an ihrer Belastungsgrenze?

Dies wollte und möchte ich nicht dem Zufall überlassen, sondern es selbst in die Hand nehmen und für Veränderung sorgen.

Der Dorfgarten, wie wir ihn liebevoll nennen, ist ein Zusammenspiel aus einem Hausgarten, dem Market Garden mit unserer Hühnercrew und einem „Acker", welcher sich gerade noch in der Entwicklung befindet. Also insgesamt drei Gärten mit insgesamt über 4.500 Quadratmeter, welche mit ganz viel Liebe & Hingabe von uns als Familie bewirtschaftet werden.

Ein Market Garden (Markt-Gärtnerei) kann sich in kleinen Abweichungen voneinander unterscheiden. Doch eines ist immer gleich: der ressourcenschonende Gemüseanbau auf kleiner Fläche. Hier wird das Gemüse meist regional ohne Zwischenstation direkt an den Konsumenten/in weitergegeben. Im Dorfgarten wird biointensiv angebaut, d. h., dass der Ertrag pro Fläche auf das Maximum ausgelegt ist, aber die Fruchtbarkeit des Bodens keinen Schaden davonträgt. Und dieses tolle Prinzip könnt ihr selbst auf einer kleinen Fläche in eurem Garten anwenden, um saisonal euer eigenes Lieblingsgemüse anzubauen. Das zeige ich euch auf den folgenden Seiten und hoffe, ihr habt ganz viel Freude in der Umsetzung damit im Garten.

LOS GEHT'S – VON FEBRUAR BIS MAI

Auf einen Blick: Was steht an in den ersten Monaten?

Für viele Hobbygärtner ist der Februar noch ein Monat der Ruhe. Doch im Dorfgarten muss jetzt die Anzucht vieler geliebter Gemüsearten beginnen. Wenn du jetzt noch nicht mit der Aussaat beginnen kannst oder möchtest, ist dieser Monat perfekt, um alle Gartenutensilien auf ihre Ganzheitlichkeit zu überprüfen.

12 To-dos für Februar / März

1. Beetplanung für das Jahr aufschreiben / skizzieren
2. Kompost umsetzen und frisch sieben
3. Beete vorbereiten / mit Kompost aufwerten
4. Torffreie Bioanzuchterde besorgen
5. Herstellung von gedämpfter Komposterde (Dämpfschubkarre oder Backofen)
6. Sind alle Anzuchtschalen sauber?
7. Funktionieren alle LED-Panels und Frostschutzwächter?
8. Wetter beobachten: Anschluss der Regentonnen
9. Sind alle Gartengeräte einsatzbereit?
10. Anzuchterde ins Haus holen, damit sich diese akklimatisiert
11. Fehlt noch Saatgut? Bestellen!
12. Mit der Anzucht beginnen

Wer darf jetzt ins Beet?

Radieschen, Spinat, Feldsalat, Rettich, Schnittsalat, Dicke Bohnen, Zuckererbsen und Möhren kannst du ab März ins Freiland säen. Vorgezogene Jungpflanzen wie z. B. Kopfsalat, Rote Bete, Fenchel, Kohlrabi, Zwiebelgewächse, Blumenkohl und Brokkoli können jetzt ebenfalls gepflanzt werden. Falls die Temperaturen noch einmal unter den Gefrierpunkt gehen sollten, decke deine Beete mit einem Frostschutzvlies ab. Damit die Vliese nicht einfach nur auf dem Gemüse aufliegen und diese zerdrücken, baue kleine „Bögen" aus Federstahlstäben oder Elektroinstallationsrohren (3 m lang, gibt es im Baumarkt) darüber. Unsere Vliese im Dorfgarten sind 30 g/m² schwer.

Wie du siehst, kannst du im Monat März schon einiges aussäen und pflanzen und somit einen Grundstein für die Vielfalt in deinem Garten und der Ernährung legen.

Welches Gemüse auf der Fensterbank vorziehen?

Der März bringt uns das lang ersehnte Lebenszeichen von Mutter Natur zurück! Wenn die Sonnenstunden wieder mehr werden, kann die Anzucht auch ohne LED an einem hellen Südfenster erfolgen. Paprika, Chili, Physalis und Auberginen sollten jetzt gleich Anfang März vorgezogen werden, da dieses Fruchtgemüse eine relativ lange Entwicklungsdauer hat. Für unsere geliebten Tomaten ist dieser Monat perfekt! Ungefähr 10–12 Wochen benötigt die Pflanze, um vom Samenkorn bis zur kräftigen Jungpflanze heranzuwachsen.

Wie geht es weiter im April und Mai?

Im April können wir so richtig loslegen! Der Frühling ist jetzt nicht mehr aufzuhalten. Die Bodentemperatur steigt und die ersten Jungpflanzen fühlen sich im Freiland so richtig wohl.

Erste Ernte einfahren

Schon jetzt kannst du erstes Gemüse ernten: Radieschen, Spinat, Feldsalat, Rucola, Mairübchen, Salat, Frühlingszwiebeln & Kohlrabi. Dieses Frühlingsgemüse kannst du nach und nach beernten und zu leckeren Gerichten verarbeiten. Im Dorfgarten startet ab Anfang April die erste Gemüseausgabe für über 70 Haushalte.

Bodenvorbereitung

Wenn du noch nicht mit der Bodenvorbereitung begonnen hast, wird es jetzt langsam Zeit. Deine Jungpflanzen müssen sich in ihrem neuen Zuhause wohlfühlen, um zu stattlichen Pflanzen heranwachsen zu können. Lockere dein Beet mit der Broadfork (siehe auch Seite 26) auf, entferne grob die Beikräuter, gehe mit einer Pendelhacke darüber und reche alles ab. Danach mit frischem Kompost aufwerten. Siehe auch Seite 23.

Kartoffeln

Ab Anfang April können auch die vorgetriebenen Kartoffeln in den Boden gesteckt werden. Seit einigen Jahren testen wir uns durch und haben um die 20 Sorten schon ausprobiert. Unsere Top 4 sind:

1. Annabelle – hoher Ertrag, gelbschalig, sehr früh & festkochend
2. Afra – robust, gelbschalig, mittelfrüh & mehlig kochend
3. Stemster – rotschalig, unkompliziert, vorwiegend festkochend, mittelspät & lange lagerfähig
4. Blaue Anneliese – blau, sehr aromatisch, festkochend, spät & gesund (Antioxidantien)

Rasen mähen und mulchen

Der Rasen sprießt nur so im Frühling aus dem Boden. Ein guter Zeitpunkt, um das erste Mal zu mähen. Dies gilt natürlich nicht für deine im Herbst angelegte Wildblumenwiese, sondern nur für reinen Rasen. Das frische Schnittgut kannst du gleich für die ersten Pflanzungen als Mulch verwenden. Oder du schichtest es mit auf deinen Kompost, um wertvollen Dünger entstehen zu lassen.

10 To-dos für Apri / Mai

1. Start für Pflanzungen im Freiland
2. Frostschutzvliese noch bereithalten
3. Gestaffelte Aussaat weiterverfolgen
4. Frühbeet und Gewächshaus regelmäßig lüften
5. Geräteschuppen aufräumen
6. Wildblumenwiese als Insektenfutter anlegen
7. Erste frische Brennnesseljauche ansetzen
8. Beikräuter mit der Pendelhacke oder Drahthacke jäten
9. Das erste Mal Knoblauch und Zwiebeln düngen
10. Insektenschutznetze über die Beete von Kohlgewächsen spannen, zum Schutz vor Kohlweißling, Kohlfliege, mehlige Kohlblattlaus und Erdfloh

Aussaat von Kürbisgewächsen

Im Haus können wir uns jetzt an die Aussaat der Kürbisgewächse herantasten. Zucchini, Gurken, Melonen und Kürbisse sollten etwa 4–6 Wochen vor der Pflanzung ausgesät werden. Kürbisgewächse werden nicht gern pikiert, deshalb wähle hier gleich einen größeren Topf für die Aussaat. Mit einem 9 × 9 oder 11 × 11-cm-Töpfchen bist du auf der sicheren Seite. Da unsere Pflanze bis zur Pflanzung in ein und demselben Topf bleibt und ein Starkzehrer ist (siehe Seite 36), greifen wir zur Komposterde für die Aussaat. Stecke das Samenkorn ca. 2–3 cm tief in die Erde. Alles gut andrücken und mit lauwarmem Wasser angießen. Stelle deine Aussaat an einen warmen Platz am Südfenster. Falls du ein Gewächshaus oder Frühbeetkasten besitzt, kannst du deine Jungpflanze nach der Keimung bis zu den Eisheiligen dort weiterhin gedeihen lassen.
Der Mai ist da und die Jungpflanzen der geliebten Kürbisgewächse und Fruchtgemüse können nach den Eisheiligen, welche um den 15.05. stattfinden, gepflanzt werden.

Keim- & Gurkenblätter

1

Eigenes Gemüse – eigene Anzucht

Durch die eigene Aussaat legst du einen Grundstein für die Vielfalt in deinem Gemüsebeet. Es gibt so viel verschiedenes und historisches Saatgut, welches nur darauf wartet, von dir entdeckt zu werden.

Schon als kleines Mädchen habe ich es geliebt, mit meiner Uroma Samen im Frühjahr in die leicht warme Erde zu stecken und zu beobachten, was in den kommenden Tagen passiert. In unserer damaligen Wohnung begann dann vor über 10 Jahren die erste Anzucht im Februar unter Kunstlicht. Eine einzelne Pflanzenlampe half uns, sodass der gesamte Balkon im Frühjahr voll bepflanzt werden konnte. Mir war es sehr wichtig, Gemüse selbst vorzuziehen, da man in den Baumärkten nie wirklich weiß, unter welchen Bedingungen die Pflanze heranwuchs. Man möchte es ja am Ende noch essen können.
Wie jeder „Beginner" beim Thema Aussaaten haben auch wir einige Fehler gemacht, aus denen wir viel gelernt haben. Wichtig ist es, dann immer zu schauen, woran es lag. Stand die Aussaat zu warm? War zu wenig Licht vorhanden? Wurde zu früh gepflanzt? Hat man Lichtkeimer mit Dunkelkeimern verwechselt (siehe Seite 18–19)?
In den ersten 3 Jahren hatte ich mir immer ein Notizbuch dazugeholt und alles akribisch aufgeschrieben, um nichts zu vergessen. Doch keine Sorge, nach einigen Jahren kommt eine gewisse Routine in deine Aussaat – wo das Aufgeschriebene fest im Kopf gespeichert ist.

WAS BRAUCHE ICH FÜR DIE ANZUCHT?

Für die eigene Anzucht wird ein wenig Zubehör benötigt: Aussaatschalen, Kunststoffwanne (für die Aussaatschalen), Aussaaterde (meist magere gedämpfte Erde, um einem Schädlingsbefall vorzubeugen), Ballbrause (um das Saatgut nicht wegzuschwemmen), samenfestes ökologisches Saatgut, Beschriftungsstäbchen, Bleistift (zum Beschriften), Kunstlicht (für zeitige Aussaaten ab Januar), Südfenster (für Aussaaten ab März). Zum ersten Angießen nutzen wir seit vielen Jahren Effektive Mikroorganismen, diese bewahren unsere jungen Aussaaten und die Erde vor Schimmel- und Moosbildung und hauchen Leben in die gedämpfte Erde ein.

Sind Pflanzenlampen sinnvoll?

Wenn du die Möglichkeit eines Frühbeetes oder Gewächshauses hast, wirst du die Veränderung in deinem Garten definitiv merken! Uns ermöglichen die LED-Panels einen Erntevorsprung von über 6 Wochen zum Vergleich zu den Aussaaten ab März an einem Südfenster. Je zeitiger wir wieder abwechslungsreicher in den Beeten ernten können, desto unabhängiger sind wir vom Markt.

Bitte **torffreie** Anzuchterde verwenden, zum Schutz unserer Moore!

Es gibt diverse Anbieter was Pflanzenlampen angeht und nicht immer sind die preisintensivsten die besten.

WAS BEDEUTET „VERSETZT ERNTEN"?

Vielleicht habt ihr diesen Begriff ja schon einmal gehört. Da wir unser Gemüse das ganze Jahr über beernten wollen und nicht nur in einem kurzen Zeitfenster, muss man vorausschauend planen und pflanzen bzw. aussäen. Bei der versetzten Ernte achtet man darauf, immer wieder in bestimmten Abständen (Wochen oder Monate) auszusäen, sodass man z. B. das ganze Jahr über knackigen Salat aus den Beeten ernten kann.

2

1. QuickPot-Anzuchtplatten sind zwar eine preisintensive Anschaffung, aber halten für viele Jahrzehnte.

2. Kopfsalate 'Briweri' im Folientunnel Anfang April.

BEREIT FÜR DIE AUSSAAT? LOS GEHT'S!

In 8 Schritten

1. Du benötigst: gedämpfte Aussaaterde (magere Erde), Schalen (Obstschälchen, QuickPot-Platten & Co.), eine Kindergießkanne oder Ballbrause, Effektive Mikroorganismen (EM), Beschriftungsstäbchen, Bleistift und das Allerwichtigste: samenfestes ökologisches Saatgut. Deine Aussaatschalen sollten vor dem Benutzen einmal gründlich mit warmem Wasser, neutraler Seife und einer frischen Bürste gereinigt werden. Da sich dort Bakterien und Keime aus dem letzten Aussaatjahr oder vom vorherigen Inhalt gesammelt haben könnten.

2. Die Wahl der richtigen Aussaaterde ist entscheidend für vitale Keimlinge, du solltest schon beim Kauf darauf achten. In torffreier gedämpfter Anzuchterde, wenn möglich Bioqualität, gedeihen deine Zöglinge am besten. Nehme dir ein Schälchen oder eine QuickPot-Platte und befülle diese mit Erde. Klopfe sie einmal kurz auf, damit die Erde zusammensackt und fülle noch mal nach.

Beachte: In nährstoffarmer Erde werden die Pflanzen angeregt, viel Wurzelmasse zu bilden, da sie auf der Suche nach Nährstoffen sind.

3. Hast du das richtige Saatgut gewählt, kannst du jetzt mit der Aussaat beginnen. Nehme dir zunächst dein Pikierstäbchen o.Ä. und forme je nach Gemüsesorte ein entsprechend großes oder kleines Aussaatloch. Streue dir ein wenig Saatgut in deine Handfläche oder auf einen Untersetzer (Marmeladendeckel). Mit Daumen und Zeigefinger portionierst du vorsichtig die gewünschte Anzahl an Körnern und deckst alles mit Erde ab (Saattiefe siehe Seite 18–19). Jetzt noch gut andrücken, damit die ersten Wurzeln einen guten Halt bekommen.

4. Das richtige Angießen. Hierzu benötigst du eine Ballbrause oder eine Kindergießkanne mit Tülle sowie Effektive Mikroorganismen, die das Bodenleben aktivieren. Fülle 50 ml EM und den Rest mit kaltem oder warmem Wasser auf, je nachdem, welche Gemüseart du ausgesät hast. In zwei Durchgängen angießen. Erst wenig und dann etwas mehr, so kann sich die Erde nach und nach vollsaugen.

5. Kunstlicht. Wenn du schon im Januar mit deiner Aussaat begonnen hast, ist die Hinzunahme von Kunstlicht unumgänglich. Eine 15 Watt Tageslichtlampe oder eine 45 Watt Vollspektrum LED sollten hier 14–16 Stunden pro Tag auf deine Schalen gerichtet sein. Bei Lichtkeimern (siehe Seite 18–19) diese ab Tag 1 anschalten, bei Dunkelkeimern könnt ihr auf die Keimung warten, um dann Kunstlicht hinzuzunehmen. Bei Aussaaten ab März gibt es bereits genügend Sonnenlicht und deine Aussaat kann an einem hellen Südfenster erfolgen.

6. Check. Nimm dir jeden Tag ein paar Minuten Zeit für deine Aussaaten und kontrolliere sie. Sind diese zu trocken oder schießen in die Höhe, ist erneutes Gießen und eine andere Standortwahl sinnvoll. Riechen sie komisch oder gehen nach der Keimung ein, solltest du schnell handeln, um benachbarte Pflanzen vor einer Ansteckung zu schützen. Hier rät es sich, nicht herumzudoktern, sondern erneut auszusäen.

7. Pikieren. Wenn du größtenteils alles richtig gehändelt hast, kannst du nach 2–4 Wochen mit dem Pikieren (Vereinzeln) beginnen. Dafür sollten die ersten pflanzentypischen Blättchen deines Keimlings zu sehen sein. Fülle einen 9×9-cm-Topf mit nährstoffreicherer Erde (Komposterde) auf. Nimm dir dazu dein Pikierstäbchen o. Ä. und gehe vorsichtig und großflächig unter den Keimling. Halte mit den Fingern ein Laubblatt fest und hebel die Wurzel mit der anderen Hand heraus. Setze diese je nach Art ebenerdig oder bis zu den ersten Blättern in die Erde. Lasse den Pflanztopf in einer Wanne mit EM und Wasser sich vollsaugen oder gieße großzügig an. Die nährstoffreichere Erde benötigt unser Keimling, um zu einer stattlichen Jungpflanze heranzuwachsen.

8. Abhärten. Je nach Wetterlage kannst du deine Zöglinge vorsichtig an die direkte Sonneneinstrahlung und kühleres Wetter gewöhnen. Beginne hier mit wenigen Stunden im Schatten und steigere dich von Tag zu Tag bis zur vollen Sonne. Je nach Witterung sind deine Jungpflänzchen danach bereit für den Umzug ins Beet oder Gewächshaus.

Behalte die **Temperaturen** in deinem Gewächshaus im Blick. Achte auf die Höchst- und Tiefstwerte am Tag und in der Nacht.

FRÜHER IN DIE SAISON STARTEN

Das erste zarte Grün im Jahr zu ernten, macht nicht nur richtig Freude auf mehr, sondern versorgt uns auch mit vielen wichtigen Mineralstoffen, Vitaminen und Spurenelementen. Hier im Dorfgarten ernten wir 365 Tage im Jahr frisches Grün aus dem Garten. Um dies zu schaffen, benötigen wir eine funktionierende Infrastruktur. Ich möchte dir auf den nächsten zwei Seiten unsere gängigen und erfolgreichen Methoden für einen verfrühten Start in die Gartensaison vorstellen.

Gewächshaus, Folientunnel, Frühbeet & Co.

Pflanzenlampen helfen dir sehr, mit den frühen Aussaaten von ersten Salaten, Lauchzwiebeln, Sommerporree, Chili, Paprika, Physalis und frühen Kohlgewächsen. Doch was tun, wenn die Jungpflanzen groß genug sind und aus dem Anzuchtkeller oder der Fensterbank umziehen müssen? Die nächste Stufe vor dem Auspflanzen ins Freiland wäre ein Frühbeet, Gewächshaus, Folientunnel oder Vliestunnel. Durch die Gärtnerei habe ich die Möglichkeit, die Jungpflanzen in Gewächshäusern mit einem Frostwächter dort auf die Pflanzungen im Freiland vorzubereiten. Diese stehen in unserem Hausgarten. So habe ich kurze

Wege in der Anfangszeit, wenn viel ausgesät wird und noch wenig auf den Beeten passiert. Falls du auch ein Gewächshaus in der Planung hast oder schon lange davon träumst, solltest du vorher eine kleine Checkliste abarbeiten:

1. Kläre vorher ab, ob auf deinem Grundstück der Bebauungsplan ein Gewächshaus zulässt! Wenn nein, wäre die Option eines Folientunnels (benötigt kein Fundament & lässt sich schnell abbauen) oder Frühbeetes sinnvoll.
2. Was für einen Gewächshaustyp möchte ich und für welchen Zweck?
3. Wie groß soll es sein?
4. Wo ist ein geeigneter Standplatz?
5. Finanziellen Rahmen festlegen
6. Aufbau organisieren (helfende Hände)
7. Grobe Bodenvorbereitung bevor das Gewächshaus steht

Achte beim Errichten deines Gewächshauses darauf, einen **Mäuseschutz** mit einzubauen. Die kleinen Nager suchen sich im Winter gern einen trockenen, wärmeren Platz in deinem Garten. Leider können sie auch deine komplette Aussaat und Pflanzen schädigen. Ein Schutz ist z. B. durch ein Streifenfundament möglich.

Unsere beiden Gewächshäuser im Dorfgarten mit insgesamt 30 m² bestehen aus 6 mm **Doppelstegplatten** (Polycarbonat). Dies hat im Unterschied zu Glas den Vorteil, Wärme besser zu halten. Die einzelnen Platten haben zudem ein geringes Gewicht und halten Hagel bisher sehr gut stand! Den **Standort** haben wir so gewählt, dass die erste Frühjahrssonne so lange wie möglich daraufscheint. Also nach Süden zu ausgerichtet. Je mehr Sonnenstunden wir pro Tag erhalten, desto mehr Wärme kann gespeichert und für die noch kühlen Nächte mitgenutzt werden. Die **Anzuchtplatten** stehen natürlich nicht einfach so auf dem Boden, sondern in einem Regal, welches sich auf zwei Etagen u-förmig durch das Gewächshaus zieht. Wenn die Nächte noch einmal stark unter den Gefrierpunkt gehen und die Jungpflanzen schon draußen im Haus stehen, kommt noch einmal eine Schicht **Frostschutzvlies** (30 g/m²) zur Sicherheit darüber. Es wäre zu schade, wenn die gesamte Arbeit, welche wir uns gemacht haben, innerhalb von einer Nacht zerstört wird.
Wenn man kein Gewächshaus zur Verfügung hat, wäre ein **Frühbeet** oder ein kleiner **Folientunnel** eine gute Alternative. Hier sollte man immer beachten, dass die Jungpflanzen 2–3 Wochen später als im Gewächshaus einziehen können, da es stark von der Sonneneinstrahlung abhängt, ob sich die Umgebung, in der die Pflanzen stehen, aufheizt oder nicht. Falls ihr Strom im Garten habt, könnten auch kleine praktikable Heizmatten (gibt es extra für die Jungpflanzenanzucht) unter die Anzucht gestellt werden. Oder ihr beruft euch auf die altbewährte Friedhofskerze.

Pflanzzeit

Wenn wir dann ab Ende März unsere ersten Kohljungpflanzen, Salate und Zwiebelgewächse gut abgehärtet haben, können wir mit der Pflanzung im Freiland beginnen (siehe Seite 21). Auch wenn der Kalender uns sagt, dass jetzt gepflanzt werden kann, sollten wir immer das Wetter noch mit im Auge behalten. Wird es noch mal so richtig kalt, bringt es den Pflanzen mehr, noch ein paar Tage länger im Geschützten zu stehen. Wenn dann der richtige Zeitpunkt gekommen ist, dass die stattlichen Jungpflanzen in den Boden umziehen, schütze ich diese ganz gern noch mal mit einem Frostschutzvlies gegen die kühlen Frühjahrsnächte.

WAS JETZT, WO AUSGESÄT WIRD

Die Aussaatzeiträume beziehen sich auf unsere Lieblingssorten.

Pflanze	Aussaatmonate	Voranzucht	Direktsaat	Keimtemperatur	Saattiefe
Diverse Salate	2-9	ab 2	ab 3	15-18 °C	0,5 cm
Rucola, Asiasalat	1-9	ab 1	ab 3	15-18 °C	0,5-1 cm
Pak Choi, Tatsoi	1-3 / 8-9	ab 1, ab 8	/	15-18 °C	0,5-1 cm
Postelein	1-3 / 9-11	ab 1-2	ab 2, ab 9	5-12 °C	0,5 cm
Lauchzwiebeln	1-8	ab 1	ab 3	15-20 °C	1-2 cm
Zwiebeln	1-4	ab 1	/	15-20 °C	1-2 cm
Sommerporree	1-2	ab 1	/	15-20 °C	1-2 cm
Winterporree	4-5	ab 4	/	15-20 °C	1-2 cm
Spinat	1-5 / 8-10	ab 1	ab 3, ab 8	10-15 °C	1 cm
Feldsalat	8-10	/	ab 8	10-15 °C	0,5-1 cm
Dicke Bohnen	2-4	ab 2	ab 2	5-10 °C	5-8 cm
Kohlrabi	1-7	ab 1	/	18-20 °C	1 cm
Früher Wirsing	2-3 / 4-5	ab 2, ab 4	/	15-20 °C	1 cm
Spitzkohl	1-6	ab 1	/	15-20 °C	1 cm
Rotkohl	1-5	ab 1	/	15-20 °C	1 cm
Weißkohl	3-5	ab 3	/	15-20 °C	1 cm
Brokkoli	2-3 / 5-7	ab 2, ab 5	/	15-20 °C	1 cm
Blumenkohl	1-3 / 6 -7	ab 1, ab 6	/	15-20 °C	1 cm
Grünkohl	3-6	ab 3	/	15-18 °C	1 cm
Blattkohl	2-6	ab 2	/	15-18 °C	1 cm
Flower Sprouts	3-6	ab 3	/	15-18 °C	1 cm
Palmkohl	3-5	ab 3	/	15-18 °C	1 cm
Mangold	2-6	ab 2	ab 4	18-20 °C	2-3 cm
Fenchel	1-7	ab 1	/	20-22 °C	1-2 cm
Rote Bete	1-7	ab 1	ab 4	18-20 °C	3 cm
Möhren	3-7	/	ab 3	15-20 °C	1,5-2 cm
Radieschen	3-8	/	ab 3	15-20 °C	1-2 cm
Rettich	3-4 / 7-8	/	ab 3, ab 7	15-20 °C	1-2 cm
Pastinaken	3-6	/	ab 3	15-20 °C	2 cm
Rote Melde	3-7	ab 3	ab 4	15-20 °C	1-2 cm
Stangensellerie	2-4	ab 2	/	18-20 °C	0 cm
Knollensellerie	2-3	ab 2	/	18-20 °C	0 cm
Zuckererbsen	3-7	ab 3	ab 3	10-20 °C	3-5 cm
Buschbohnen	4-7	ab 4	ab 5	18-20 °C	2-3 cm

Pflanze	Aussaatmonate	Voranzucht	Direktsaat	Keimtemperatur	Saattiefe
Stangenbohnen	4-6	ab 4	ab 5	18-20 °C	2-3 cm
Physalis	2-4	ab 2	/	20-24 °C	0,5-1 cm
Paprika	1-3	ab 1	/	20-24 °C	0,5-1 cm
Artischocke	2-3	ab 2	/	18-22 °C	1-2 cm
Aubergine	2-3	ab 2	/	20-24 °C	0,5-1 cm
Chili	1-3	ab 1	/	20-24 °C	0,5-1 cm
Tomate	2-4	ab 2	/	18-22 °C	0,5-1 cm
Einlegegurke	4-6	ab 4	/	22-24 °C	2 cm
Schlangengurke	2-4	ab 2	/	22-24 °C	2 cm
Zucchini	4-6	ab 4	/	22-24 °C	3 cm
Kürbis	4-6	ab 4	/	22-24 °C	3 cm
Melonen	3-5	ab 3	/	22-26 °C	2 cm
Zuckermais	4-6	ab 4	ab 5	18-22 °C	3-5 cm
Petersilie	3-7	ab 3	ab 4	15-20 °C	1-2 cm
Schnittlauch	2-7	ab 2	ab 3	15-20 °C	1-2 cm
Thymian	2-5	ab 2	/	18-22 °C	0 cm
Bohnenkraut	3-5	ab 3	/	18-22 °C	0 cm
Koriander	2-8	ab 2	ab 3	18-22 °C	1 cm
Dill	2-7	ab 2	ab 4	15-20 °C	1 cm
Oregano	2-5	ab 2	/	18-22 °C	0 cm
Kamille	3-5	ab 3	ab 4	15-20 °C	0 cm
Melisse	3-5	ab 3	/	15-20 °C	0 cm
Basilikum	3-4	ab 3	/	18-25 °C	0-0,5 cm
Lavendel	2-5	ab 2	/	18-25 °C	0 cm
Kosmea	3-5	ab 3	ab 4	15-20 °C	1-2 cm
Ringelblume	3-9	ab 3	ab 4	15-20 °C	1-2 cm
Sonnenblume	3-6	ab 3	ab 4	15-20 °C	2-3 cm
Jungfer im Grünen	2-6	ab 2	ab 3	10-15 °C	1 cm
Kapuzinerkresse	3-6	ab 3	ab 4	10-15 °C	1 cm
Tagetes	3-7	ab 3	ab 4	15-20 °C	1 cm
Löwenmäulchen	2-4	ab 2	/	10-15 °C	0,5 cm
Strohblume	3-5	ab 3	ab 4	10-15 °C	0,5 cm
Malve	3-5	ab 3	ab 4	10-15 °C	1 cm
Zinnie	3-5	ab 3	/	15-20 °C	0,5-1 cm

Beetvorbereitung und Bepflanzung

Je mehr Zeit und Aufwand du in eine gute Beetvorbereitung steckst, desto einfacher gelingt dir die Pflanzung. Nicht nur deine Pflanzen werden es dir danken, sondern auch die Pflege der Kulturen wird über das gesamte Jahr leichter.

Im Vorwort habe ich dir ja schon erzählt, dass wir einen sogenannten „Market Garden“ haben und was ihn so besonders macht. Der Begriff „Market Gardening“ wurde von Jean-Martin Fortier und Eliot Coleman geprägt, doch bereits ab dem 18. Jahrhundert wurde in Frankreich auf diese Weise Gemüse angebaut.

VORTEILE DES BIOINTENSIVEN GEMÜSEANBAUS

1. Vieles bei dieser Anbaumethode ist standardisiert: Beetbreite, Werkzeuge, Pflanzabstand.
2. Es werden keine großen schweren Maschinen benötigt.
3. Alle Arbeiten werden von Hand getätigt, da die Beete schmaler und kürzer sind als in der konventionellen Landwirtschaft.
4. Durch effiziente Arbeitstechniken (säen, pflegen, ernten, waschen, packen – alles nach einem Plan) und simple Werkzeuge wird die Tätigkeit des Gärtnerns vereinfacht.
5. Alle Beete haben eine einheitliche Länge und Breite (im Dorfgarten sind z. B. alle Beete zwischen 8, 10 und 12 m lang und 1 m breit, 70 cm Beet und 30 cm Weg; in unserem Hausgarten sieht es in kleinem Maße so ähnlich aus – es gibt zwei verschiedene Größen an Hochbeeten mit 1 m × 2,50 m × 1,25 m und 0,40 m × 2,50 m × 0,50 m).
6. Durch die engere Bepflanzung als in konventionellen Anbaumethoden wird der Platz effizient genutzt und Beikräuter haben weniger Chancen sich zu entwickeln, was zusätzlich zu mehr Beschattung des Bodens führt und ggf. Wasser einspart.
7. Maximale Ernte auf der vorhandenen Fläche, egal ob klein oder groß.

FÜR EINE REICHE ERNTE BRAUCHT MAN EINEN GUTEN PLAN

Wenn du die Methode des Market Garden konsequent umsetzt, gelingt es dir, aus der vorhandenen Fläche das Maximale an Ernte herauszuholen. Dabei hilft dir auch die auf Seite 13 bereits erwähnte Methode der versetzten Ernte – ich setze sie bei uns in allen Gärten um! Einfach übersetzt heißt das, dass wir nach einer Ernte immer wieder neu bepflanzen. So stehen die Beete nie leer und der Boden wird durch Wurzelgeflechte vor Erosionen, Austrocknung und Auswaschungen geschützt. Um dies zu gewährleisten, ist eine genaue Planung erforderlich. Da wir mit den Pflanzen gärtnern und nicht gegen sie,

1

1. Hochbeet im Hausgarten in Permakultur mit Lauchzwiebeln, Rosmarin, Duftwicken & Co.

2. Lockern der Erde mit der Broadfork.

sollte auf eine gute Misch- und passende nachfolgende Kultur auf der Fläche geachtet werden (siehe Seite 129). Wenn man einige simple Vorgehensweisen beachtet und den Pflanzen gut zuhört, können daraus erstaunliche Ernten hervorgehen. Ganz ohne Chemie oder übermäßige Düngergaben.

AUF WAS DU BEI DER PFLANZUNG BEI INTENSIVER NUTZUNG ACHTEN SOLLTEST

Im Market-Garden-Bereich wird meist dichter gepflanzt als bei anderen Anbaumethoden. Durch die genaue Taktung der Ernte ist eine engere Bepflanzung möglich. Ein ganzes Beet wird bei der Ernte vollkommen abgeleert und eine neue Kultur kann einziehen. So erreichen wir einen maximalen Ertrag und Flächennutzung auf engem Raum. Durch die kurzen Abstände haben auch Beikräuter weniger Platz, sich zu entfalten und das Gemüse im Wachstum zu behindern. Kurze Wege, weniger Kraftaufwand für den Gärtner/in, effizientere Arbeit und maximale Platzausnutzung.

2

OPTIMALE BODENPFLEGE

Der erste Schritt für einen gesunden Garten, aus dem wir vielfältiges Gemüse und Obst ernten wollen, ist ein gesunder Boden mit einer vollkommenen Biodiversität.

ANALYSE

Lockere, nährstoffreiche Böden sind ideal für die meisten Gemüsekulturen. Doch nur sehr selten ist dies der Fall. Ein Bodenprobetest kann dir hier Auskunft über deinen aktuellen Boden geben. Den Test findest du im Baumarkt oder online. Labore werten pH- & Nährstoffwerte aus; so weißt du dann genau, was deinem Boden fehlt.

BEIKRÄUTER

Bevor wir den Boden ein wenig auflockern, beginnen wir mit Pendelhacke und Spaten grobe Beikräuter und tiefer sitzende Wurzeln von z. B. Löwenzahn, Quecke oder Distel zu entfernen. Falls in deinem Garten noch kein Beet vorhanden ist, kannst du auch die No-Dig-Methode testen.

BROADFORK

Nutzen wir, um den Boden leicht zu lockern. Sie wird senkrecht auf den Boden gestellt, dann die Hände an die Griffe, mit vollem Körpergewicht daraufstellen, hin- und herbewegen, im 45°-Winkel zu dir hebeln und wieder aus dem Boden herausziehen. Dies so lange praktizieren, bis der Boden grobkrümelig ist (siehe auch Seite 26).

SILOFOLIE

Wir haben uns für die No-Dig-Methode entschieden, um die wertvollen Mikroorganismen nicht zu stören. Dafür wird eine Silofolie in der Wunschgröße des Beetes mit der dunklen Seite nach oben auf den Boden gelegt. Diese bleibt dann zwischen 6–12 Monaten darauf. Dadurch können die Pflanzen keine überlebenswichtige Fotosynthese betreiben und Rasen und Beikräuter sterben darunter allmählich ab.

KOMPOST

Um deinem Boden neue Kraft für die Pflanzung und Futter für die Mikroorganismen mitzugeben, benötigt dieser einige Ladungen Kompost. Unser Prinzip ist der 3er- oder 4er-Kompost. Wir werfen diesen drei- bis viermal im Jahr auf einen neuen „Haufen" um. Vor dem Ausbringen wird er fein bis mittel gesiebt. Pro Beet-Meter werden zwischen 15–30 L Kompost ausgebracht.

TORFFREI

Torffrei zu gärtnern, ist in der heutigen Zeit wichtiger denn je. Unsere Moore speichern eine immense Menge an Kohlenstoffdioxid, welche jeden Tag in gigantischen Ausmaßen durch die Industrie, Landwirtschaft und Co. entsteht. Durch den Abbau von Torf in den Mooren wird dieser freigesetzt und gelangt somit in unsere Atmosphäre. Daher ist es wichtig, auf torffreie Anzucht- sowie Topferde zu verzichten. Zudem ist immer die selbst produzierte Komposterde aus deinem Garten die beste Option für dich und deine Pflanzen.

MIKROORGANISMEN

Durch diese kleinen Helferlein wird der Boden so richtig aktiviert. Mikroorganismen helfen den Pflanzen im Zusammenspiel mit Pilzen im Boden, alle wichtigen Nährstoffe über die Wurzeln aufzunehmen. Wenn du ein neues Beet anlegst, nimm dir eine Gießkanne (10 l) + Effektive Mikroorganismen (200 ml) + Regenwasser und gieße über dein Beet (reicht für ca. 10 m²).

MULCHEN

Ist für uns im Dorfgarten unerlässlich! Ob mit Rasenschnitt (ca. 3–5 cm dicke Schicht) auf den Beeten oder Holzhackschnitzeln in den Wegen dazwischen. Mulch bietet so viele Möglichkeiten, um den Garten noch lebendiger zu gestalten. Er schützt nicht nur den Boden vor Austrocknung, sondern verrottet gleichzeitig zu wertvollem Humus.

Kompost sieben

BODENLEBEN SCHÜTZEN

In einer Hand voll Komposterde – auch Walderde – stecken mehrere Milliarden Mikroorganismen. Dies kann man sich gar nicht so ganz vorstellen. Aber unter dem Mikroskop betrachtet strotzt ein gesunder Boden nur vor Leben und Energie. Doch in vielen Gärten und vor allem auf den Feldern sieht die Wahrheit oft ganz anders aus. Durch die jahrzehntelange intensive Landwirtschaft, schwere Maschinen, Monokulturen mit genetisch verändertem Saatgut, Herbizide, Fungizide, Insektizide und Co. ist der Boden einfach nur tot. Jedes Jahr müssen viele Landwirte mehr und mehr Pflanzenschutzmittel auf den Feldern ausbringen, um an die Ernteergebnisse im Vorjahr heranzukommen. Natürlich verkaufen große Saatgutfirmen ihr Saatgut gleich im Paket mit den dazu passenden Pflanzenschutzmitteln. Ein Teufelskreis für Landwirte, aus dem man nur schwer wieder herauskommt. Umso wichtiger ist es, dass wir Hobbygärtner: innen es in unseren Gärten anders machen.

Lass es uns anders machen – unsere No-Dig-Methode

Im Dorfgarten graben wir unsere Beete daher im klassischen Sinne nicht um, sondern werten diese mit Kompost bei jeder Neupflanzung auf. Zum leichten Lockern des Bodens hilft uns die Broadfork oder Grabegabel. Es gibt hier diverse Größen. Wir nutzen die Größe mit einer Breite von 70 cm, perfekt für die Market-Garden-Beete. Hierbei bleiben alle Bodenschichten bestehen. Sie werden „nur" belüftet, um Gase auszutauschen. Den Mikroorganismen ermöglichen wir durch diese „Bearbeitung" des Bodens eine bessere Atmung, so können sie die lebenswichtigen Arbeiten für die Wurzelsysteme der Pflanzen ausführen.
Man muss sich den Boden nur in mehreren Schichten vorstellen: Jede Schicht hat ihre eigenen Mikroorganismen, Pilze und Kleinstlebewesen. Beim Umgraben würden wir die unteren Schichten nach oben werfen und die obersten nach unten. Doch leider können die Organismen nur in den Schichten überleben, wo sie auch tatsächlich hingehören. Daher sterben nach dem Umgraben die meisten ab und zurückbleibt ein „leerer Boden". Zudem werden auch die wichtigen Pilze, welche nur im Zusammenspiel mit den Mikroorganismen die Pflanzen nähren, abgetötet. Schlafende Beikrautsamen und Keime aus tiefer liegenden Bodenschichten werden stattdessen geweckt und erschweren die Arbeit. Hast du dich schon einmal gefragt, warum ein Urwald nur so vor Biodiversität und Artenvielfalt strotzt? Hier wird nicht umgegraben oder lästiges Beikraut entfernt. Alles funktioniert im Einklang dank eines funktionierenden Ökosystems in der Natur.

1

2

1. Entfernung der Beikräuter im Beet durch die 10 cm breite Pendelhacke.

2. Die Broadfork hat die perfekte Arbeitsbreite für das Market-Garden-Beet (80 cm breit).

WERKZEUGE FÜR DIE EFFIZIENTE BODENBEARBEITUNG

Um einen erfolgreichen aber auch gesunden und effizienten Gemüsegarten zu bewirtschaften, benötigt man einige gut ausgewählte Tools. Es gibt eine große Auswahl an Gartengeräten und diese können einen auch mal schnell überfordern. Es bringt dir rein gar nichts, alles zu kaufen und dann in der Benutzung zu merken, dass dein Boden vielleicht gar nicht zwei unterschiedliche Rechenarten benötigt. Oder, dass die eine Pendelhacke, die du dir angeschafft hast, viel zu groß für deine Beete ist. Daher zeige ich dir hier nun meine Must-haves aus dem Dorfgarten.

DAS WICHTIGSTE GARTENWERKZEUG: VORTEILE DER BROADFORK

Der Spruch „Zeit ist Geld" ist allgegenwärtig, doch im Market Garden oder generell ist Zeit ein entscheidender Faktor – im Market Garden zusätzlich das Wetter, insbesondere, wenn es um den Anbau von Nahrungsmitteln geht. Je effizienter ich im Market Garden arbeite, desto zügiger kann ich mich an die nächste Aufgabe machen und die eine abhaken, ein Tag hat ja immer nur 24 Stunden. Dies gelingt mir aber u. a. nur durch die Benutzung von den richtig ausgewählten Arbeitsgeräten, wie z. B. der Broadfork. Sie ist mit eines der wichtigsten, wenn nicht sogar das wichtigste Gerät im Garten. Wir erledigen alle Arbeiten von Hand und ohne schwere Maschinen. Trotzdem muss der Boden ein wenig gelockert werden (nicht umgegraben). Dies gelingt uns am besten mit dieser speziellen Art der Grabegabel. Sie besitzt vier bis fünf lange Zinken, eine Trittstange und zwei Holzgriffe. Man richtet diese hochkant auf seinen Gartenboden, stellt sich mit dem kompletten Körpergewicht darauf, schaukelt ein wenig hin und her, bis alle Zinken sich in die Erde gegraben haben und zieht an den Holzgriffen das Gerät um ca. 45° nach hinten. Danach wird es aus der Erde gezogen und um 30 cm rückwärts versetzt. Wenn man einen stark verdichteten Boden hat, sollte man dies zwei- bis dreimal wiederholen, um am Ende ein feinkrümeliges Beet mit genügend Lufteinschlüssen zu erhalten. Da der Boden nicht umgeworfen, sondern nur aufgelockert wird, können Gase ausgetauscht werden. So haben die wichtigen Mikroorganismen wieder Sauerstoff zum Atmen.

WERKZEUGE FÜR DEINE BODENBEARBEITUNG

PENDELHACKE

Das Tool hilft größere Beikräuter aus den Wegen und zwischen den Gemüsereihen zu entfernen. Diese Hacke sitzt wie normale Hacken an einem langen Holzstiel, hat aber eine schwenkbare Schneide, die es ermöglicht, in beide Richtungen zu arbeiten. Durch das kraftvolle Hin und Herbewegen dieser Hacke schneidet man alle oberirdisch wachsenden Beikräuter ab. Alle 7–14 Tage wird diese Methode im Gemüsebeet wiederholt.

SCHWEDISCHER HANDJÄTER

Perfekt für Hochbeete! Ein kleines Tool mit zwei verschiedenen Drahthacken, welches sehr gut in der Hand liegt. Hochbeete besitzen meist feinkrümlige Erde, mit dem Handjäter kann man dann ganz einfach durch die Kulturen gehen und Beikräuter entfernen.

Hier kommen weitere wichtige Gartenwerkzeuge für eine effiziente Bodenbearbeitung für deinen Garten. Alles kann, nichts muss!

MARKIERWALZE

Vor allem in der Pflanzsaison benötige ich dieses Gerät fast täglich. Zwei unterschiedliche Walzengrößen (dreireihig oder vierreihig) skizzieren perfekte gleichmäßige Abstände auf den Beeten. So kann genau im richtigen Abstand gepflanzt werden.

RECHEN

Auch der bekannte Rechen findet im Dorfgarten seinen Platz. Durch die ca. 70 cm breiten Market-Garden-Beete hilft ein genauso breiter Rechen sehr. Wir nehmen ein Model mit vielen kleinen Harken und einer dickeren Seite zum späteren Abziehen der Beete.

DRAHTHACKE

Diese Hacke ist ähnlich der Pendelhacke, doch nicht so stark belastbar. Sie wird vorrangig zwischen den Gemüsebeeten zur Arbeit eingesetzt. Es gibt sie in diversen Größen und Formen. Zur Entfernung von kleinen Beikräutern ist sie perfekt. Gehackt sollte immer am Vormittag werden, so können die Beikräuter über den Tag eintrocknen und dienen als Mulch.

GIERSCH

HERKUNFT Weite Teile Europas und gemäßigte Klimazone Westasiens.

STANDORTE Schattig, feuchte und stickstoffreiche Böden. Wächst in Auenwäldern, in Gärten und unter Hecken / Büschen.

AUSSEHEN Fächerförmige Blätter, erkennbar durch den Geruch nach Petersilie und Möhre. Die Blüten sind weiß bis leicht rötlich, sie wachsen in Dolden, und die Früchte sind zweispaltig mit ovalen glatten Samen.

MERKMALE Weißes weit verzweigtes Wurzelgeflecht, wintergrün, mehrjährig, treibt zeitig aus und ist schwer zu entfernen.

ACKER-WINDE

HERKUNFT Eurasien und Nordafrika.

STANDORTE Wächst bevorzugt an trocknen Standorten.

AUSSEHEN Kriechende bis kletternde mehrjährige Pflanze mit dünnen, windenden Stängeln. Die Blätter sind länglich eiförmig mit pfeilförmigem Grund und abgerundeter Spitze, die Blüten sind trichterförmig weiß oder hellrosa mit roten Streifen an der Außenseite und stehen einzeln in den Blattachseln.

MERKMALE Schwer zu entfernen. Die Stängel winden sich um andere Pflanzen, hat sehr tiefe Wurzeln.

QUECKE

HERKUNFT Europa, Nordasien, Australien und Südamerika.

STANDORTE Bevorzugt in Wiesen, Äckern und Weiden, liebt nährstoffreiche Böden und ist häufig eine Zeigerpflanze für Böden mit Überdüngung mit Gülle oder anderen Stresssituationen wie Trockenheit und Überschwemmung.

AUSSEHEN Gehört zur Familie der Süßgräser und wird bis zu 1,50 m hoch, mit kahlen aufrechten oder nach unten gebogenen Halmen. Sieht auf den ersten Blick aus wie Rasen.

MERKMALE Die Triebe bilden immer wieder neue Wurzeln, daher schwer zu entfernen, mehrjährig.

GEWÖHNLICHES GREISKRAUT

HERKUNFT Eurasien und Nordafrika. Ist ein Neophyt und gedeiht in fast allen gemäßigten bis subtropischen Gebieten.

STANDORTE Auf humushaltigen, nährstoffreichen Böden.

AUSSEHEN Niedrig wachsende Pflanze mit zylindrischen Körbchen aus Röhrenblüten, die Blüte ist gelb.

MERKMALE Zählt zur Familie der Korbblütler. Hat tief reichende Wurzeln und eine hohe Samenproduktion, einjährig.

FACT Pollenquelle für vier Wildbienenarten und Raupenfutter für 14 Schmetterlinge.

FÜNFFINGERKRAUT

HERKUNFT Fast ganz Europa.

STANDORTE Wege, Ufer, Wiesen, Äcker und Gärten, auf humushaltigen, nährstoffreichen Böden.

AUSSEHEN Besitzt eine dünne Pfahlwurzel, aus der an den Vegetationsknoten neue Wurzeln und weitere Pflanzen entstehen. Die Blätter sind langstielig und fünfzählig gefingert, der Blattrand ist gezackt.

MERKMALE Ausdauernde krautige Pflanze, wächst kriechend am Boden entlang. Die Ausläufer können bis zu 1 m lang werden, bildet viele Samen, einjährig.

ACKER-KRATZDISTEL

HERKUNFT Kleinasien und Vorderindien.

STANDORTE Sonnig und windgeschützt auf gut durchlässigen Böden.

AUSSEHEN Dornige Blätter und Blütenstände, diverse Formen und Farben.

MERKMALE Zählt zu den Korbblütlern, produziert viele Samen, Staude oder zweijährige Pflanze.

FACT Kam vom Mittelmeerraum durch die Römer nach Europa. Die Distel ist die Nationalblume Schottlands.

AMPFER

HERKUNFT Eurasien, Australien und Marokko.

STANDORTE Wächst auf frischen, mäßig nährstoffreichen, sandig-lehmigen oder Tonböden, auf Feuchtwiesen und Äckern.

AUSSEHEN Zählt zu den Knöterichgewächsen und wird 30–100 cm hoch. Der aufrechte Stängel ist gefurcht, die dicklichen Blätter sind wechselständig angeordnet.

MERKMALE Lange Wurzeln, viele Samen, oft mehrjährig, ist eine Zeigerpflanze für saure, nährstoffreiche Erde.

FACT Stammt von der nordischen Bezeichnung „Amper" ab – scharf, herb und bitter. Heilpflanze seit der Antike.

SONNENWEND-WOLFSMILCH

HERKUNFT Ursprünglich aus den Tropen und Subtropen.

STANDORTE Auf gut durchlässigen, nährstoffreichen Böden, oft in Gärten und auf Äckern zu finden.

AUSSEHEN Aufrecht buschiger Wuchs, die langen schlanken Blätter sind blau-grün und die Blütenstände gelblich grün, die Blüten besitzen eine nickende Form.

MERKMALE Relativ gut zu entfernen, ein- und mehrjährig, mittlere Ausbreitung.

FACT Wie der Name verrät, richten sich die Blütenstände nach der Sonne aus – man nennt das Heliotropismus.

KOMPASS-LATTICH

HERKUNFT Mittelmeerraum, Vorderasien.

STANDORTE An sonnigen und trockenen Plätzen.

AUSSEHEN Bis zu 150 cm hoch. Längliche grob gezähnte Blätter, die auf der Unterseite Stacheln haben, außerdem kleine gelbe Blütenkörbchen mit Zungenblüten von Juli bis September.

MERKMALE Ein- bis zweijährig. Die Stängel enthalten weißen Milchsaft. Schnelle Verbreitung durch Samen. Die Pflanze ist durch ihre Pfahlwurzel schwer zu entfernen.

FACT Die Blätter drehen sich als Sonnenschutz in Nord-Süd-Richtung, daher auch ihr deutscher Name.

WILDER AMARANT

HERKUNFT Nordamerika, kam im 18. Jh. nach Europa.

STANDORTE Hell und sonnig auf warmen, durchlässigen, stickstoffreichen Böden.

AUSSEHEN 30–40 cm hoch mit ährenartigem Wuchs. Bildet aufrechte abstehende Seitentriebe mit länglichen Blättern.

MERKMALE Einjährig. Starke Ausbreitung durch Samen, aber gut zu entfernen. Die Blüten (von Juli bis September) sind für Insekten uninteressant, die Samen werden jedoch von Vögeln und Kleinsäugern gefressen und durch diese oder Wind und Wasser verbreitet.

VOGELMIERE

HERKUNFT Eurasien

STANDORTE Feuchte und stickstoffreiche Böden.

AUSSEHEN Bildet teppichartige Bestände mit niederliegenden Trieben. Die Blätter sind klein, eiförmig, laufen spitz zu und stehen sich paarweise gegenüber. Die Blüten sind klein und weiß und erscheinen nahezu ganzjährig.

MERKMALE Essbar. Leicht zu entfernen, bildet aber viele kleine braune Samen, welche durch den Wind verbreitet werden, reich an Vitamin A, B und C sowie Mineralstoffen, wichtige Futterpflanze für Vögel.

GARTENMELDE

HERKUNFT Europa und Asien.

STANDORTE Auf nährstoffreichen, gut durchlässigen Böden.

AUSSEHEN Kann bis zu 2 m Höhe erreichen. Die Blätter sind wechselständig angeordnet, der Wuchs ist steif aufrecht mit grünen unscheinbaren Blüten von Juli bis September. Es gibt Sorten mit grünen, roten oder gelben Blättern.

MERKMALE Einjährig. Starke Ausbreitung durch Samen, kann aber gut entfernt werden. Lässt sich wie Spinat zubereiten und zählt wie Spinat, Rote Bete, Mangold sowie Amarant zur Familie der Fuchsschwanzgewächse.

KLETTEN-LABKRAUT

HERKUNFT Europa und westliches Asien.

STANDORTE Hecken, Felder und Wälder.

AUSSEHEN Kletternde Pflanze mit bis zu 120 cm Höhe. Kleine weiße Blüten von Mai bis Oktober und klebrige Blätter in Quirlen angeordnet.

MERKMALE Einjährig. Kann andere Pflanzen überwuchern. Breitet sich durch Samen aus, indem die Fruchtstände mit ihren Widerhaken an Tieren und Menschen hängen bleiben, auch eine Wind- und Wasserausbreitung ist möglich. Das Entfernen geht einfach und ist schnell gemacht.

KLEINE BRENNNESSEL

HERKUNFT Eurasien und in einigen Erdteilen ein Neophyt.

STANDORTE In Gärten und Wiesen auf nährstoffreichen, sehr stickstoffreichen Böden.

AUSSEHEN Laubblätter auf der Oberseite dunkelgrün-glänzend, Rand gesägt und mit Brennhaaren besetzt, die Stängel sind vierkantig. Unscheinbare kurze Blütenrispen in den Blattachseln von Juni bis Oktober, bis 60 cm Wuchshöhe.

MERKMALE Einjährig, häufig im Sommer in den Beeten. Breitet sich aus durch Samen und Ausläufer, jede Pflanze kann bis zu 1.000 bilden, ist aber einfach zu entfernen.

HÜHNERHIRSE

HERKUNFT Tropen und Subtropen.

STANDORTE Feuchte, durchlässige, nährstoffreiche Böden.

AUSSEHEN Grüne bis graugrüne, relativ breite, lange Blätter. Ährenförmige, etwa 10 cm lange Blütenstände mit Häarchen und langer Granne von Juli bis September. Die Pflanze wird 30–80 cm hoch und wächst flach ausgebreitet.

MERKMALE Einjährig. Sehr starke Ausbreitung, denn jede Pflanze bildet etwa 200 bis 1.000 Samen aus und diese bleiben im Boden bis zu 5 Jahren keimfähig. Schwer im Gartenboden zu entfernen. Für Vögel wertvolle Futterpflanze.

LÖWENZAHN

HERKUNFT Westliches Asien und Europa.

STANDORTE Stickstoffreiche, eher lehmige feuchte Böden.

AUSSEHEN Lange, zahlreiche Stiele mit gelben Blütenkörbchen von April bis Juni. Die Pflanze wird ca. 50 cm hoch.

MERKMALE Zählt zur Familie der Korbblütler. Die jungen Blätter sind essbar. Sehr ausbreitungsstark durch Samen und deren Windverbreitung. Die lange Pfahlwurzel lässt sich bei jungen Pflanzen gut entfernen, aus Wurzelstücken wachsen jedoch schnell wieder neue Pflanzen heran, daher immer alles mit ausgraben. Sehr wichtige Pollen- und Nektarpflanze für Insekten.

SPITZWEGERICH

HERKUNFT Westliches Asien und Europa.

STANDORTE Wächst fast überall.

AUSSEHEN Die Blätter sind lanzettlich mit parallel zueinander verlaufenden Blattadern. Lange Stängel mit kurzem Blütenstand von Mai bis September, etwa 5-50 cm hoch.

MERKMALE Mehrjährig. Schnelle Ausbreitung durch zahlreiche Samenbildung und reichverzweigtem Wurzelsystem bis 60 cm Tiefe, lässt sich aber insgesamt gut entfernen.

FACT Die Blätter dienen als natürliches Wundpflaster, wirken schmerzlindernd und heilend bei Insektenstichen.

SOMMER-PORTULAK

HERKUNFT Zwischen Vorderasien und Himalaya.

STANDORTE Warme und sonnige Plätze mit lockeren, durchlässigen, eher sandigen Böden, mag keine Staunässe.

AUSSEHEN Löffelförmige, fleischige, grüne oder gelblich grüne Blätter und dicke Stängel. Wächst flach am Boden und wird 10-30 cm hoch. Kleine gelbliche Blüten von Mai bis Oktober.

MERKMALE Einjährige sukkulente Pflanze, die sehr schwer zu entfernen ist und sich stark ausbreitet.

FACTS Essbare Blätter mit nussigem, fein saurem Geschmack.

1

2

Wie man in simplen Schritten ein **Hochbeet selbst bauen** kann, zeige ich dir auf Seite 102–103, denn der Herbst ist der beste Zeitraum zum Anlegen eines Hochbeets. Ich empfehle dir, für den Anfang zwei Hochbeete mit den Maßen von jeweils 2,50 m Länge × 1,25 m Breite × 1 m Höhe.

HOCHBEET IM JAHRESVERLAUF: FRÜHLING

Diese Art des Gärtnerns ist kaum mehr wegzudenken. Ein Hochbeet steht heutzutage in fast jedem Hausgarten und erfreut viele Hobbygärtner durch seine einfache Handhabung.

Wie viele Hochbeete brauche ich?

Ab Mitte Februar / Anfang März (kommt auf die Region in Deutschland an) können wir mit dem Gärtnern in unserem Hochbeet beginnen – hier im Dorfgarten haben sich im Laufe der letzten 6 Jahre mehr als 12 Hochbeete angesammelt. Für die Selbstversorgung an Gemüse (ohne Kartoffeln und Mais) von April bis Dezember würde ich für eine Person mit einer Hochbeetfläche von mindestens 6 m^2 rechnen. Je mehr Fläche man zur Verfügung hat, desto mehr Vielfalt kann auch in die Beete einziehen. Aber mit 6 m^2 kann man schon sehr viel erreichen. Meiner Erfahrung nach ist es auch immer schöner, nicht sofort mit zu viel zu starten, um dann zu merken, dass das Gärtnern einen überrennt und stresst. Es sollte einen entschleunigen, erden und beruhigen.

Was kann ich jetzt aussäen?

Zunächst wird der Boden in deinem Hochbeet mit den Tipps auf Seite 24–25 vorbereitet. Mit den ersten Aussaaten starten wir Anfang März. Vorweg: Alle größeren Kohlgewächse wie Kohlrabi, Spitzkohl, Wirsing und Co. werden nicht direkt gesät, sondern im Haus oder Frühbeetkasten / Gewächshaus unter sortenspezifischen Bedingungen vorgezogen. Auch Fruchtgemüse (Tomaten, Auberginen, Paprika & Co.) sowie Kürbisgewächse werden im Haus vorgezogen. Vielleicht suchst du dir zuerst aus der Mischkultur-Tabelle hinten im Umschlag die für dich passenden Gemüse heraus. Aus meiner Sicht dürfen **Radieschen** nicht fehlen, die du ab Anfang März in 1–2 cm tiefen Reihen mit einem Abstand von ca. 5 cm in der Reihe aussäen kannst. Falls du mehr als eine Reihe anlegen möchtest, wähle einen Reihenabstand von ca. 5–10 cm. Unsere liebsten Sorten sind 'Sora' (festfleischiges, kaminrotes, rundes Radies), 'French Breakfast 2' (halblanges, zylindrisches, rotes Radieschen mit weißer Spitze) und 'Eiszapfen' (zylinderförmiges, weißes, kurzlaubiges, 10–12 cm langes Radies). Eine Reihe **Schnittssalat** darf natürlich auch nie fehlen! Forme hierzu eine flache Mulde und streusele zwischen dem Daumen und Zeigefinger einige Samenkörner in die Reihe. Bedecke hier alles flach mit Erde, denn Salate keimen mit einem kleinen Lichtimpuls noch einen Ticken besser.

Neben dem normalen Schnittsalat können jetzt auch **Rucola,** Asiasalate, Pak Choi und Tatsoi direkt gesät werden. Ebenso **Dicke Bohnen** (kann man auch schon ab Februar in Töpfen vorziehen) werden nun gesteckt. Um dein Hochbeet vom Platz her maximal auszunutzen, kannst du **Zucker- oder Markerbsen** an die Seiten stecken und diese später herunterranken lassen. Sie lagern in ihren Knöllchenbakterien wertvollen Stickstoff ein, der Mischkulturpartnern wie Gurken oder Kohlgewächsen (beides Starkzehrer) ebenfalls dienlich ist. Neben den ausgesäten Kulturen, welche wir auch im Frühjahr schon beernten können, sollten wir nicht die **Möhren** vergessen. Diese ernten wir zwar nicht im April / Mai, doch ab Anfang Juni ist es mit der richtigen Sortenauswahl möglich! Wenn man sich selbst mit einem Teil oder zu fast 100 Prozent mit Gemüse selbst versorgen möchte, ist die richtige Sortenwahl unabdingbar. Hier sind meine Sorten-Empfehlungen für Möhren: 'Pariser Markt' (alte französische, runde Sorte), 'Vitella' (konische Nantaise-Möhre, hohes Ertragspotenzial) 'Soletta' (konische Möhre mit violetter Außenhaut und tollem Geschmack). Diese Sorten sind ab Anfang / Mitte Juni beerntbar. Vorgezogene Jungpflanzen, wie z. B. Kohlrabi, früher Wirsing, früher Spitzkohl und früher Blumenkohl, können unter einem Frostschutzvlies auch schon in das Hochbeet einziehen.

Die Regel: So dick / groß das Samenkorn ist, so tief sollte es auch in den Boden kommen und mit Erde bedeckt werden. Das passt immer ganz gut und ist ein einfacher Wegweiser für deine Aussaat.

3

1. Frischer Fenchel im Mai aus dem Hochbeet
2. Vollgepackte Hochbeete
3. Zuckererbsen kannst du bequem an der Südseite deines Hochbeetes stecken und herunterwachsen lassen. Eine optimale Platzausnutzung.

BATAVIASALAT

— *Lieblingssorte 'Maravilla de Verano'*

HIER GIBT ES ALLES an Auswahl, was das „Salatherz" begehrt.

WARUM ICH DIE SORTE MAG Der Bataviasalat 'Maravilla de Verano' gehört zu einer meiner Lieblingssalat-Sorten. Er zeigt außen eine rötliche Färbung und innen eine hellgrüne. Er wächst sehr aufrecht und ist robust gegenüber viel Regen oder starker Sonneneinstrahlung. Hier im Dorfgarten wird er sehr geschätzt, da er leicht zu beernten ist, lang im erntereifen Zustand im Beet stehen kann und aromatisch schmeckt.

AUSSAAT Nimm dir ein Aussaatschälchen oder eine QuickPot-Platte und fülle diese mit Aussaaterde oder alter gesiebter Komposterde. Streue das Salatsaatgut vorsichtig darüber und drücke es mit einer zweiten Aussaatschale oder deinen Fingern gut an (Salat ist ein Lichtkeimer). Wenn du pilliertes Saatgut benutzt, solltest du ein kleines Loch für das Saatkorn formen. Andrücken auch hier nicht vergessen. Mit der Ballbrause alles gut angießen und an einen hellen Platz bei 15–18 °C stellen. Nach 1–2 Wochen sollten deine Jungpflanzen gekeimt sein.

PIKIEREN Falls deine Jungpflanzen zu wenig Platz in der Aussaatschale haben sollten, kannst du diese gern noch einmal pikieren.

PFLANZUNG 4–6 Wochen nach der Aussaat können deine Jungpflanzen dann ins Beet einziehen. Achte beim Salat darauf, dass du diesen nicht zu tief in die Erde setzt, da er sonst faulen kann. Pflanzabstand 20 cm in der Reihe und 25 cm zwischen den Reihen. Je nach Sorte leichte Abweichungen. Gehe einmal pro Woche mit der Draht- oder Pendelhacke vorsichtig durch die Salate, so kann der Boden „aufatmen" und Nährstoffe können besser an die Pflanze gelangen.

KOPFSALAT 'BRIWERI'

— *Einer der ersten Salate im Dorfgarten*

WARUM ICH DIE SORTE MAG Die kleinen knackig kompakt grünen Köpfe dieser Treibkopfsalat-Sorte können wir bereits ab Anfang April ernten. Durch seine gute Kältetolleranz im Frühjahr steckt er so einige Frostnächte erfolgreich weg und wächst bei den ersten Sonnenstrahlen flott weiter. Bevorzugt bauen wir diese Sorte im Gewächshaus / Folientunnel für die ersten Gemüseausgaben im April an.

PFLANZUNG Der Briweri-Kopfsalat wird bei uns mit 25 cm Abstand in der Reihe und 25 cm Abstand zwischen den Reihen ins Gewächshaus / Folientunnel gepflanzt. So erhält man pro Quadratmeter 16 Pflanzen. Im Freiland lassen wir dieser Salatsorte etwas mehr Platz und pflanzen in 30 cm Abstand in der Reihe und 30 cm Abstand zwischen den Reihen, so kommen wir auf ca. 9 Pflanzen pro m^2. Gehackt wird jede Woche, vor allem im Frühjahr, wenn alles zwischen den Kulturen sprießt. Reichliche Wassergaben mag diese Sorte sehr und ist weniger anfällig für matschige Stängel.

POSTELEIN

— *Toller Winter- / Frühjahrssalat*

WARUM ICH DEN SALAT MAG Postelein oder Winterportulak ist in den Monaten Oktober bis April als Selbstversorger-Gemüse nicht wegzudenken. Er enthält mehr Vitamin C als eine Zitrone (auf 100 g gerechnet) und ist reich an Magnesium. Durch moderne Salatsorten wurde er nach und nach vom Speiseplan verbannt, doch so langsam findet er in vielen Markt-Gärtnereien, Solawis und Co. wieder seinen Platz.

AUSSAAT Das Saatgut ist super fein. Die kleinen schwarzen Kügelchen können schnell vom Wind verweht werden und gehen dann im gesamten Garten auf. Daher lohnt es sich, ein Aussaatschälchen für die Portionierung zu Hilfe zu nehmen. Entweder säst du direkt an dem Ort, wo du später auch den Salat ernten möchtest oder in eine Aussaatschale aus. Achte darauf, dass Postelein einen Kältereiz von 5 °C braucht, damit er keimen kann. Packe das Saatgut ggf. für 2 Wochen vor der Aussaat in den Kühlschrank. Nach der Keimung ist ein regelmäßiges Hacken wichtig, um schneller wachsendes Beikraut zu regulieren. Im Herbst und Frühjahr gießt hoffentlich die Natur für uns.

Plants

»Wir sind uns
der Kraft und
Magie eines
einzelnen Samen-
korns manch-
mal gar nicht
bewusst.«

Lucia

Ernte, was du säst

Die erste größere Ernte ist immer etwas Besonderes im noch so jungen Gemüsejahr. Einiges an Kohlgemüse aus dem letzten Winter wird gerade im April noch abgeerntet und schon beginnt die Zeit mit knackigen Radieschen, ersten Kopfsalaten und Frühlingszwiebeln.

1

DIE ERSTEN FRÜHLINGSGEMÜSE AUS DEM DORFGARTEN

An einem noch recht kühlen Freitagmorgen laufe ich mit einem warmen Getränk um ca. 7 Uhr in den Dorfgarten. Am Abend zuvor habe ich mir schon alle Kisten zurechtgestellt, die Messer geschliffen und die Bündelgummis abgezählt.
Es hat sich bewährt: Erst wird das Schwierige geerntet und zum Schluss der Salat, welcher immer noch etwas länger im kalten Wasser baden darf, bevor er in die Kisten gepackt wird. Das scharfe Messer in der rechten Hand, die Bündelgummis um das rechte Handgelenk, die grüne Kiste auf der linken Hüfte getragen und los geht es ins erste Beet. Dieses Gefühl der ersten Ernte ist jedes Jahr aufs Neue einfach nur magisch. Magisch, weil man wieder sofort eine Bestimmung erhält und etwas Sinnvolles und Nützliches bewirkt. Es ist die Belohnung der harten Arbeit der letzten Wochen, welche noch stark von Temperaturschwankungen und Frösten heimgesucht wurden, heißt, Kulturen mit doppelter Lage Frostschutzvlies schützen, Tunnel lüften, Vliese wieder abnehmen und Tunnel schließen. Ein ewiges Hin und Her, was das Sinnbild im Frühjahr für jeden Gärtner ist.
Nachdem die **Frühlingszwiebeln** und **Radieschen** geerntet sind, geht es an die Waschstation. Alles wird fein säuberlich ausgelegt und mit einer Reinigungspistole von beiden Seiten gewaschen. In die Kisten gepackt und weiter geht es. Der **Spinat** wird mit dem Quick Cut Harvester (Schnittsalaternter) innerhalb von wenigen Minuten abgeerntet. Doch das Waschen und Abpacken dauert dafür umso länger. Als Nächstes werden **Rucola, Asiasalat und Dill** geschnitten und gebündelt. Für 2 Minuten ins kalte Wasser getaucht und dann wieder in die Kisten gepackt. Zum Schluss kommt noch der knackige **Kopfsalat 'Briweri'** dran. Knapp unter dem letzten Blattpaar mit einem Schnitt vom Boden getrennt und verkehrt herum in die Kisten gelegt.
Wenn alle Salate verstaut sind, geht es für eine längere Zeit ins Wasserbad. So können alle Insekten und Schnecken ihren Weg noch nach draußen suchen. Kurz bevor

»Ich entferne mit Absicht die Wurzeln von allen Pflanzen nicht aus dem Boden, um die Mikroorganismen ihre Arbeit verrichten zu lassen.«

die Gemüseausgabe um 15 Uhr beginnt, kommen die Salate aus ihrem Bad und liegen knackig frisch für die Abonnenten/innen bereit. Im Hausgarten ist dies ein wenig anders: Ernte, wenn du dein Gemüse benötigst und lagere nichts, wenn es nicht sein muss. So bleiben alle Nährstoffe bis zur Verarbeitung erhalten.

WEITERES GEMÜSE, DAS DU JETZT IM GARTEN ERNTEN KANNST

Viele Blattgemüse und Salate wie Postelein, Spinat, Kopfsalat, Rucola und Asiasalat, Pak Choi sowie Radischen, Schnittlauch und Dill sind jetzt ebenfalls erntereif.

2

1. Die erste Gemüsebox im April aus dem Dorfgarten.

2. Knackiger Pak Choi Anfang April aus dem Folientunnel

PASTA IN GRÜNER GARTENSOSSE

— *Für 2–3 Personen*

ZUTATEN
Pasta: Spirelli, 1 Prise Salz
Grüne Soße: Olivenöl, Salz & Pfeffer, 100 g Cashews, Postelein, Rucola, 2 Knoblauchzehen, 2 EL Hefeflocken, 200 ml Pastawasser
Optional: Pak Choi oder Tatsoi

ZUBEREITUNG Einen Topf mit 1 Liter kaltem Wasser und einer Prise Salz erhitzen. Pasta hinzugeben und al dente kochen – abgießen und zurück in den Topf schütten. Etwas Olivenöl darüber träufeln und kurz vermischen. So klebt die Pasta nicht aneinander. In einer Pfanne Cashewnüsse und Knoblauch anrösten.
Postelein, Rucola, 200 ml Pastawasser, Hefeflocken, Salz & Pfeffer mixen. Geröstete Nüsse, Olivenöl und Knoblauch hinzufügen und weitermixen, bis eine cremige Soße entsteht. Die grüne Soße mit der Pasta im Topf vermengen und auf einen Teller geben. Gern kann noch mit dem restlichen Rucola dekoriert werden. Gedünsteter Pak Choi oder Tatsoi lassen sich ebenso gut dazu servieren. Guten Appetit!

GEBACKENE HOLUNDERBLÜTEN MIT FRISCHEN ERDBEEREN

— *Für 2–3 Personen*

ZUTATEN 10 Holunderblütendolden, 100 ml Hafermilch, 2 EL Ahornsirup, 1 Ei oder 100 g Apfelmus, 100 g Mehl, 1 Prise Salz, 200 ml neutrales Bratöl, Puderzucker, Minze, Erdbeeren

ZUBEREITUNG Holunderblüten vorsichtig ausschütteln, damit vorhandene Käfer davonkrabbeln können.
Hafermilch, Ahornsirup und 1 Ei oder Apfelmus mit einem Schneebesen verquirlen. Mehl und 1 Prise Salz in eine Schüssel geben. Die flüssige Mischung nach und nach hinzufügen und zu einem glatten Teig verrühren.
200 ml Öl in einer Pfanne auf mittlerer Stufe erhitzen. Dolden in die Teigmischung tauchen, abtropfen lassen und 1 Minute goldbraun ausbacken. Auf Küchenpapier abtropfen lassen. Minze und frische Erdbeeren passen hervorragend dazu. Wer mag, kann noch Puderzucker drüberstreuen.
Beim Verzehr darauf achten, dass die grünen Stängel nicht mitgegessen werden! Diese können Magenbeschwerden wegen ihrer Glykoside wie Sambunigrin hervorrufen!

PFLEGEN & ERNTEN – VON JUNI BIS AUGUST

Auf einen Blick: Was steht an im Sommer?

Der Sommer steht vor der Tür. Jetzt können wir uns um die Pflege und größere Ernten der im Frühjahr gepflanzten Kulturen kümmern.

Pflege der Sommerkulturen

Kontrolliere alle paar Tage deine Kulturen auf den Beeten. Alte Blätter entfernen, anbinden, ausgeizen & gießen. Ein guter Zeitpunkt ist es, alle 7 Tage mit einem Handjäter oder der Pendelhacke durch die Beete zu gehen, um neu aufgekeimte Beikräuter zu entfernen. Ein Vormittag eignet sich dazu bestens.

Letzte Aussaaten

Wenn du noch nicht im April / Mai mit der Aussaat von Wintergemüse begonnen hast, so ist jetzt die letzte Gelegenheit, dies zu tun. Winterporree, Grünkohl, Rotkohl, Wirsing, Weißkohl, Brokkoli, Blumenkohl & Rosenkohl können bis Mitte Juni noch ausgesät werden. Verfolge auch die gestaffelten Aussaaten von Salaten weiter.

Regelmäßig düngen

Deine im Frühjahr gepflanzten Kulturen sehen etwas müde und blass aus? Kein Problem, schaue hier genau hin, was deiner Pflanze an Nährstoffen fehlt, und wähle den richtigen Dünger, um sie wieder auf Kurs zu bringen. Achtung! Weniger ist manchmal mehr. Mehr dazu findest du auf Seite 50–51.

Kompost umsetzen

Nachdem wir Anfang des Jahres schon einmal den Kompost umgesetzt haben, geht diese Arbeit in die zweite Runde. Einiges an Grünschnitt kam in den letzten Monaten dazu und möchte von den EM in wertvollen Humus umgewandelt werden. Also heißt es ran an die Mistgabel und los geht es! Mehr dazu auf Seite 106–109.

Ernten und haltbar machen

Ab Juni beginnen unsere Erntekörbe langsam überzuquellen und die Freude, sich mit Gemüse und Obst komplett selbst zu versorgen, überrennt einen.

Daher heißt es ab jetzt: haltbar machen! Es gibt diverse Formen des Haltbarmachens. Ob Einfrieren, Trocknen, Einkochen, Einlegen oder Säuern. Für fast jedes Gemüse und Obst gibt es eine geeignete Option, welche nur darauf wartet, von dir ausprobiert zu werden. Möchtest du mehr über meine Art des Haltbarmachens erfahren? Dann besuche gern die Seite 116–117.

Beete neu aufbereiten

Die ersten Frühjahrskulturen wurden abgeerntet und es ist Zeit, neue Jungpflanzen und Aussaaten in den Boden zu bringen. Bevor dies geschieht, benötigt dein Boden eine kleine Spa-Behandlung. Pendelhacke, Rechen, Broadfork und neuer Kompost sind hier deine Wegweiser. Nehme dir hier Seite 22–23 noch einmal zu Hilfe.

Must-have!

Mulchen

Der Frühsommer ist jetzt schon relativ trocken und deine Wasserreserven lassen langsam nach? Mulche hier mit diversen Materialien, um deinen Boden vor Austrocknung zu schützen! Falls bei dir nicht genügend Rasen wächst oder du ihn gern wachsen lassen möchtest, frage doch einfach in der näherliegenden Nachbarschaft nach Rasenschnitt. Mehr dazu findest du auf Seite 50.

Power für Gemüse: nachhaltig düngen & gießen

In einem in sich geschlossenen ökologischen System, indem wir auf synthetische Dünger verzichten, spielen organische Düngemittel, wie z. B. Kompost, Mulch und Jauchen, eine wichtige Rolle. Jedes hat eine andere Zusammensetzung, Mischungsverhältnis und Nutzen.

Seit meiner frühen Kindheit wurde mir von meinen Urgroßeltern gezeigt, wie Brennnesseljauche angesetzt und Kompost umgesetzt wird. Ich war immer davon begeistert, wenn mein Opa den groben Kompost durch ein feines Sieb geworfen hat und ganz feine Erde wieder herauskam, welche meine Oma mit glücklichen Händen entgegennahm. Gemeinsam bereicherten wir damit im Frühling die Beete. Doch zuerst wurde alles Grobe, was noch auf den Beeten lag, mit der Hand entfernt und dann mit der Hacke gelockert.

Und heute, 20 Jahre später, kann ich mir das Gärtnern ohne meine Pendelhacken gar nicht mehr vorstellen. Alle 7 Tage wird jedes Beet im Rhythmus gehackt. So beugen wir Erosionen im Boden vor. Wasser wird besser gespeichert und der Beikrautdruck minimiert. Also schnapp dir deine Hacke und los geht es!

Wasser ist kostbar! Ich denke, das wissen wir heutzutage alle. Mittlerweile ziehen immer mehr Trockenperioden durch unsere gemäßigte Klimazone. Wenn ich mich mit meiner Uroma über das Wetter von früher unterhalte, als sie noch ein Kind war, kann sie sich nicht an solche Extreme erinnern. Natürlich können wir heute einige neue Gemüsesorten austesten, da Fröste ab April immer seltener werden und auch die Sommer länger andauern, doch sollten und müssen wir jetzt, was unseren Wasserhaushalt angeht, umdenken. Jeder kann etwas dazu beitragen, weniger Wasser zu verbrauchen und mehr in den Böden zu speichern. Auf den kommenden Seiten zeige ich dir meine liebsten Tipps & Tricks, wie du deine Gemüsepflanzen durch den heißen Sommer gesund und vital begleitest.

WANN GIESST MAN?

Starten wir mit dem Einfachsten zuerst: dem richtigen Gießzeitpunkt. Gibt es diesen überhaupt und wann ist er? Hier sollte man zwischen diversen Gemüsearten unterscheiden.

Welches Gemüse abends gießen?

Alle Blattsalate, Wurzelgemüse, Kohlgewächse und Zwiebelgewächse gießen wir

1. Alle Kulturen am Abend wässern, die nicht anfällig für Schneckenfraß sind ...

2. ... dazu zählt auch unsere Möhrensorte Vitella. Hier frisch aus dem Beet geerntet.

Sehr kostbar!

1

2

meist am Abend, vorausgesetzt der Schneckendruck ist nicht zu hoch. Dann wäre das Wässern am Morgen besser. Das Gießen am Abend hat für diese Kulturen den Vorteil, dass sie über die gesamte Nacht Wasser aufnehmen und speichern können. Der Boden trocknet nicht so schnell aus und am Morgen kann die Pflanze vital in den Tag starten.

Welches Gemüse besser morgens gießen?

Anders sieht es hier bei Fruchtgemüsen (z. B. Tomaten) und Kürbisgewächsen (Gurken, Zucchini, Kürbisse, Melonen) aus. Das warme Wetter im Sommer heizt nicht nur den Boden auf, sondern auch die Früchte, welche schon an den Pflanzen hängen. Die warme Luft lieben diese Kulturen zwar, doch müssen sie viel Energie einsetzen, um sich am Leben zu erhalten. Würden wir jetzt am Abend mit kühlerem Wasser gießen, kann es sein, dass durch die Wasseraufnahme die Früchte einreißen und aufplatzen. Dies geschieht vor allem bei großen Temperaturschwankungen und längerer Trockenheit, wenn z. B. die Tomatenpflanze auf einmal sehr viel Wasser aufnehmen muss. Die Fruchthaut kann dann nicht mehr nachgeben und reißt ein. Um dies zu minimieren, gießen wir in den Morgenstunden, wenn sich die Kürbisgewächse und das Fruchtgemüse in der Nacht wieder akklimatisiert haben.

1

2

1. Frischen Kompost vor dem Ausbringen in die Beete immer sieben.

2. Ackerschachtelhalm-Auszug ausbringen, um Gurkenpflanzen zu stärken.

3. Zucchini und Sellerie in Mischkultur, durch Mulchen brauchen sie weniger Wassergaben.

Falls du nicht genügend Rasen in deinem Garten zur Verfügung hast, frag doch einfach einen Nachbarn oder deine Gemeinde, ob du einen Teil der Rasenflächen oder alles mähen darfst. **Rasenschnitt** findet man im Frühsommer meist überall.

MULCH GEGEN AUSTROCKNUNG

Seit es in den letzten Sommern immer mehr Trockenperioden und Hitzewellen gibt, mussten wir im Wassermanagement rapide umdenken. Und das hieß für uns mulchen! Vielleicht kennst du Mulch schon von den klassischen Erdbeerfeldern, wo meist Stroh benutzt wird, um die Früchte sauber zu halten. Es gibt diverse Arten von Mulch: Stroh, Holzhackschnitzel, Agrotextil, Grasschnitt und bestimmt noch einige mehr.

Mit Gras mulche ich am liebsten

Den Grasschnitt nutzen wir am liebsten. Er hilft uns, das Wasser besser und permanent im Boden zu speichern, sodass die Gemüsekulturen kontinuierlich davon profitieren können. Gemulcht wird meist nach einem langanhaltenden Regenschauer. Wenn der Boden sich vollgesogen hat, geht es auf den Rasenmähtraktor. Nach und nach wird Bahn für Bahn jede Woche gemäht und natürlich fällt hier eine Menge an Grasschnitt an.
Der Vorteil von Grasschnitt gegenüber anderem pflanzlichen Mulch wie Stroh und Holzhackschnitzel ist, dass dieser kostengünstig und fast überall vorhanden ist. Außerdem zersetzt er sich schneller zu wertvollem Humus und spendet deinen Pflanzen einen guten Langzeitdünger. Fast alle Kulturen erhalten von uns eine Grasschicht zwischen und in den Beeten. Bis auf die Salate, diese mögen es nicht so sehr, wenn es feucht um ihren „Stamm" ist, gammeln schnell mal weg.

Wann mulchen?

Versuche meist gleich nach der Pflanzung oder nach einem Regentag deine Beete zu mulchen. So behälst du die Feuchtigkeit in deinem Boden für eine lange Zeit. Achte bei deinem Mulch darauf, diesen vor der Samenbildung von Gräsern, Wildblumen und Kräutern zu mähen. Sonst wächst einiges an neuer Wiese auf deinen Beeten weiter. Sobald die erste Schicht getrocknet ist und mit dem Zersetzen beginnt, kannst du eine neue dünne Schicht Mulch auf deine Beete ausbringen. Schon im kommenden Jahr wirst du erkennen, dass dein Boden viel weicher und humusreicher geworden ist.

DIE BESTEN DÜNGER FÜR GEMÜSE

Düngen im eigenen Garten ist nach der Pflanzung deiner Gemüsekulturen unerlässlich. Vor allem, wenn man neue Beete anlegt! Wie beim Mulchen, gibt es auch beim Düngen viele Arten und Herangehensweisen. Unsere liebsten Dünger sind vielen bekannt: Brennnesseljauche, Kohlblattjauche und der Hühnerdung unserer Dorfgarten-Hühner – alles rund um das Thema Kompost findet ihr auf den Seiten 106–109.

Selbst Jauche herstellen und anwenden

Um eine gute Brennnessel- und oder Kohlblattjauche herzustellen, benötigst du frische Brennnesseln und oder Kohlblätter, einen verschließbaren Eimer (wenn möglich schwarz, kein Metall!), Wasser, Rührstock und Urgesteinsmehl. Fülle deinen Eimer zur Hälfte voll mit Grün, gieße darauf bis 5 cm unter den Eimerrand mit Wasser auf, schütte zwei Handschaufeln Urgesteinsmehl mit hinzu, rühre alles einmal um und verschließe deinen Eimer gründlich. Durch den dunklen Eimer beginnt der Zersetzungsprozess schneller, da dieser bei Sonnenlicht die Wärme anzieht. Meistens ist der Geruch von Jauche eher unangenehm, daher haben wir das Urgesteinsmehl hinzugefügt. Dieses bindet teilweise den intensiven Geruch und gibt deinem Dünger noch einen Extraboost an Nährstoffen für die spätere Verwendung. Nach 2 Wochen kannst du deinen Deckel wieder abschrauben und alle losen Pflanzenreste herausfischen. Einmal kräftig umrühren und schon ist deine Jauche einsatzbereit.

Eine Düngung mit jeglichen Jauchen führen wir meist am Morgen oder am Abend aus. Brennnessel- oder Kohlblattjauche kann über die Blätter deiner Gemüsekulturen gegossen werden, aber dann in einem Mischungsverhältnis von 1 : 50, um Verbrennungen auf den Blättern vorzubeugen! Natürlich ist die Brennnessel- oder Kohlblattjauche kein zu starker Dünger und man sollte bei Starkzehrern, wie z. B. Kürbisgewächsen, immer noch einmal kontrollieren, ob nicht noch mit frischem Kompost nachgedüngt werden muss.

EINFACH HÜHNERKOT

Anders ist es bei unserem Hühnerdung. Diesen weichen wir mit reichlich Wasser ein, stellen ihn in eine unberührte Ecke im Garten (duftet sehr intensiv) und können ihn nach einem Tag für alle Starkzehrer benutzen. Dabei sollte man auf das Mischungsverhältnis achten, um die Pflanzen nicht zu überdüngen.
Bitte gieße keinen Hühnerdung auf die Laubblätter deiner Kulturen, dieser hat mehr Power als die zuvor genannten Jauchen.

ZUM NACHDÜNGEN

Brennnessel- oder Kohlblattjauche kann jede Woche genutzt werden, Hühnerdung alle 2 Wochen.

Brennnessel- oder Kohlblattjauche 1:20

Hühnerdung aufgeweicht in Wasser 1:50

3

Was tun, wenn Schädlinge kommen?

In jedem biodynamischen Garten kommen früher oder später kleine Insekten, Viren und Bakterien, welche es uns und unseren Gemüsepflanzen schwer machen möchten. Doch auch sie wollen sich einfach nur am frischen Gemüse satt essen und vermehren. Dennoch können wir ihnen etwas vorbeugen. Wie das gelingt, zeige ich dir auf den kommenden Seiten.

1

Jede Gemüseart hat ihre eigenen kleinen Feinde, mit denen sie zurechtkommen muss.
Beginnen wir vielleicht mit dem Gemüse, welches im Frühjahr mit am zeitigsten beerntbar ist: den Salaten oder besser gesagt den Blattgemüsen.

PLAGEGEISTER AN SALATEN & BLATTGEMÜSEN

Falscher Mehltau: äußert sich durch gelbe bis braune Flecken auf der Blattoberseite und einem weißlich grauen Pilzrasen auf der Blattunterseite. **Grauschimmel:** verursacht einen grauen, flaumigen Pilzrasen auf den Blättern und kann zu Fäulnis führen. **Schwarzfäule:** befällt die Salatpflanzen oft am Übergang vom Stiel zum Blatt und führt zu schwarzen Flecken. **Fäulnis:** kann durch verschiedene Faktoren wie Staunässe, Überdüngung oder ungünstige Witterungsbedingungen entstehen und zu Fäulnis an Wurzeln oder Blättern führen. **Physiologische Störungen:** Blattrandnekrosen (Innenbrand, Trockenrand, Kranzfäule) können durch ungünstige Wachstumsbedingungen wie Trockenheit oder Nährstoffmangel verursacht werden. Der **Drahtwurm:** ist die Larve des Schnellkäfers, er ist länglich, gelblich braun und hat einen harten, gegliederten Körper, der an einen Draht erinnert, daher stammt auch der Name.

Was hilft?

Was kannst du jetzt unternehmen, wenn es deinem Salat nicht so gut geht? Wir können schon viel bei der Pflanzung berücksichtigen. Salate sollten daher nie zu eng gepflanzt werden (bis auf Schnitt- oder Pflücksalate, welche du regelmäßig beerntest). Pflanze also deine Kopfsalate in einem Abstand von 25–30 cm, so wird dieser gut belüftet und Staunässe vorgebeugt.

1. Mischkultur ist eine natürliche Prävention gegen Krankheiten.

2. Tagetes beugen dem Befall mit Nematoden in Mischkultur vor.

Entferne alle alten oder befallenen Blätter, um eine Ausbreitung von Krankheiten einzudämmen und gieße vorrangig am Morgen. So haben deine Pflanzen über den Tag Zeit, wieder abzutrocknen.
Salat kommt bei uns, wie auch alle anderen Kulturen, in eine passende Mischkultur mit z. B. Erdbeeren, Tomaten, Möhren oder Gurken.
Um dem Drahtwurm vorzubeugen, pflanzen wir jeweils an den Beetanfang und ans -ende Tagetes *(Tagetes patula)*, welche speziell zur Bekämpfung von wandernden Wurzelnematoden gezüchtet wurde.

WAS BEFÄLLT ZWIEBELGEWÄCHSE?

Als Nächstes widmen wir uns den Zwiebelgewächsen. Auch hier sind in den letzten Jahren im Dorfgarten immer mal wieder einige Krankheiten ausgebrochen. Doch ein bisschen Wissen, welches man sich nach und nach aneignen kann, wirkt dem entgegen.

Falscher Mehltau: zeigt sich hier durch gelbliche, später braune Flecken auf den Blättern, die von einem mehlartigen Belag bedeckt sein können. **Zwiebelfäule:** führt zu Fäulnis an Zwiebelhals und -basis und wird oft begleitet von grauem Schimmel. **Zwiebelrost:** eine Pilzkrankheit, die vor allem Porree befällt, aber auch bei anderen Zwiebelgewächsen auftreten kann, erkennbar an rostbraunen Pusteln auf den Blättern. **Zwiebelfliege:** Eine der häufigsten Schädlinge, deren Maden sich in den Zwiebeln entwickeln und diese schädigen. **Nematoden**: Fadenwürmer, die Zwiebeln befallen und zu Wachstumsstörungen und Fäulnis führen können. Beachte! Nematoden können sowohl schädlich als auch nützlich für Gemüsekulturen sein. Während einige Arten Pflanzen befallen und Wurzelschäden oder andere Krankheiten verursachen, werden andere als Nützlinge zur biologischen Schädlingsbekämpfung eingesetzt. **Blattläuse:** kleine, saugende In-

2

sekten, die an den Pflanzen saugen und sie schwächen. **Zwiebelmilben:** können zu Blattverfärbungen und Wuchsstörungen führen.

Was können wir in erster Linie dagegen tun?

Die Fruchtfolge beachten! Versuche deine Beete zu rotieren und im darauffolgenden Jahr eine andere Kultur nach deinen Zwiebeln zu pflanzen, z. B. Salat. Eine gute Mischkultur mit Möhren schreckt durch ihren intensiven Duft die Zwiebelfliege ab. Vermeide Staunässe, sie begünstigt viele Krankheiten, und achte auf die Gesundheit deines Bodens. Dein Gemüse kann nur so gesund sein, wie gesund und vital dein Boden ist. Auch Gemüseschutznetze kann man gleich nach der Pflanzung spannen, um es z. B. der Zwiebelfliege zu erschweren.

Beim Zwiebelrost ist eine zügige Entfernung der betroffenen Pflanzen notwendig. Auch sollte man auf diesem Beetstreifen in den kommenden 5–6 Jahren keine Zwiebelgewächse mehr anbauen, da Zwiebelrost lang im Boden überleben kann.

WOFÜR SIND KÜRBISGEWÄCHSE ANFÄLLIG?

Fast jeder Hobbygärtner wartet sehnsüchtig auf die ersten Gurken, Zucchini und Kürbisse im Frühsommer, doch auch die Kürbisgewächse können schnell von Krankheiten befallen werden! Einige „Schädlinge“ und Krankheiten besprechen wir jetzt und schauen nach, wie wir sie behandeln oder gleich im Vorhinein vorbeugen können. Alle Infos rund um Gurken findest du auf Seite 71–73. **Echter Mehltau:** erkennbar an weißem, mehlartigem Belag auf den Blättern. Dieser

Sommerporree, Staudensellerie und Fenchel in Mischkultur

Wenn du kannst, setze auf Nützlinge. Ein Marienkäfer kann am Tag ca. 150 Blättläuse und seine Larven sogar bis zu 500 fressen. Das macht in der Woche über 3.500 Blattläuse auf dem Speiseplan einer Marienkäferlarve.

entsteht meist, wenn es zu trocken ist. Umgekehrt ist es beim **Falschen Mehltau:** Dieser äußert sich durch gelbliche, eckige Flecken auf den Blättern, die später braun werden (zu feucht). **Schwarzfäule:** verursacht schwarze, eingesunkene Flecken auf Blättern und Früchten. Erstmals trat dieser Pilz vermehrt in 2004 im Freiland bei den Ölkürbissen in Erscheinung. In der Fruchtwand bilden sich Tausende kleine schwarze Flecken, eine Fruchtfäule ist hier das Endergebnis. **Spinnmilben** sind ein häufiges Problem bei Kürbisgewächsen, besonders in Gewächshäusern oder bei trockener Witterung. Sie verursachen durch das Aussaugen von Pflanzensaft Schäden an Blättern und Früchten. Ein Befall zeigt sich durch feine, helle Sprenkel auf den Blättern, die sich zu gelben oder braunen Flecken entwickeln können, sowie durch feine Gespinste. Bei starkem Befall können Blätter absterben und die Pflanze verkümmern.

Was hilft?

Tipp Nr. 1, wie man dem vorbeugen kann, ist die Fruchtfolge einzuhalten. Sämtliche Kürbisgewächse sollten für 5–6 Jahre nicht an derselben Stelle angebaut werden. Dies klingt einfacher als es ist, denn bei den meisten wächst jedes Jahr die Pflanze auf dem gleichen Beet. Was den geliebten Kürbis auf dem Kompost angeht, kann man hier ein Auge zudrücken, da man in der Regel jedes Jahr auch einen neuen Kompost anlegt und die Erde aus dem Vorjahr siebt und auf die Beete gibt. Tipp Nr. 2: Alte und befallene Blätter schnellstmöglich entfernen. Tipp Nr. 3: Regelmäßige Wassergaben zuführen. Tipp Nr. 4: Nützlinge einsetzen.

MÖGLICHE SCHÄDEN AN WURZELGEMÜSEN

Kommen wir zum **Wurzelgemüse.** Dies kann von verschiedenen Krankheiten befallen werden, darunter Pilzkrankheiten wie

Ökologisches **Gleichgewicht** im Gesamtgarten schaffen.

Wurzelfäule und Schorf sowie bakterielle Infektionen, die zu Fäulnis führen können. Darüber hinaus können Schädlinge wie Nematoden und bestimmte Insekten die Wurzeln schädigen und Krankheiten begünstigen. **Wurzelfäule:** verschiedene Pilze wie Phytophthora und Fusarium können Wurzelfäule verursachen, die zu weichen, morschen Wurzeln führen. **Schorf:** Schorfkrankheiten wie Kartoffelschorf bilden korkige Flecken auf den Wurzeln und können auch bei Möhren auftreten. **Bakterielle Weichfäule:** Verschiedene Bakterien wie Pectobacterium und Dickeya können bakterielle Weichfäule verursachen, die zu einer breiigen Zersetzung der Wurzeln führt. **Möhrenfliege:** Die Larven der Möhrenfliege können die Wurzeln von Möhren befallen und Fraßgänge hinterlassen. **Nematoden:** Diese kleinen Würmer können die Wurzeln ebenfalls befallen und Schäden verursachen, die zu Welken oder Verfärbungen führen. **Wurzelhalslaus:** Diese Läuse rufen Wachstumsstörungen hervor, da sie sich am Übergang von Möhre zu Laub und an die Wurzel heften.

Was hilft?

Wie immer gilt hier auch: Staunässe verhindern, genügend Platz zwischen den Reihen bei der Aussaat / Pflanzung gewährleisten, resistente samenfeste Sorten wählen und auf eine gute Mischkultur achten. Auch Kulturschutznetze helfen hier gegen die Möhrenfliege weiter.

WER BELAGERT DEN KOHL?

Lasst uns zum Schluss noch über die Kohlgewächse sprechen. Hier möchte ich auch ein bisschen mehr ausschweifen, um dir wichtige Krankheitsbilder aufzeigen zu können, denn nichts wird im Dorfgarten so stark mit Schädlingen belagert wie der Kohl. Ich weiß, es gibt noch genügend andere Pflanzenfamilien, aber ich beschränke mich hier vor allem auf das Wesentliche.
Die ersten Pflanzungen im März kommen meist noch gut durch. Aber wenn ab Mai die ersten **Erdflöhe** schlüpfen und man das Insektenschutznetz vergessen hat über seine Lieblingskohlgewächse zu ziehen, wird es problematisch. Typisch für Erdflohbefall sind kleine, runde Löcher in den Blättern.

1

2

3

Bei starkem Befall können die Blätter regelrecht siebartig durchlöchert sein. Insbesondere junge Pflanzen sind anfällig für Schäden und können in ihrer Entwicklung beeinträchtigt werden. Die Raupen des **Kohlweißlings** (sowohl großer als auch kleiner Kohlweißling) fressen an den Blättern und können erhebliche Schäden verursachen, indem sie Löcher in die Blätter fressen und diese bis auf die Rippen skelettieren. **Kohlfliege**: Die Larven dieses Insekts leben in der Erde und schädigen die Wurzeln der Pflanzen. **Blattläuse:** Diverse Blattlausarten können Kohlgewächse befallen und durch das Saugen von Pflanzensaft die Pflanzen schwächen. **Kohleule:**Die Raupen der Kohleule fressen ebenfalls an den Blättern und können auch in die Kohlköpfe eindringen. **Kohlhernie:** Die Pilzkrankheit verursacht Wucherungen an den Wurzeln, die zu Wachstumsstörungen führen. **Adernschwärze:** ist eine Krankheit, die durch ein Bakterium verursacht wird. Sie betrifft alle Kohlgemüse, Radieschen und einige Unkräuter. **Echter Mehltau:** bildet weißen, mehlartigen Belag auf den Blättern. Dies geschieht oft bei warmem, trockenem Wetter. **Weißer Rost:** befällt Blätter, Stängel und Blüten, er verursacht weiße und pustelartige Flecken.

Was hilft?

Wie du siehst, ist beim Kohl noch einmal einiges zusammengekommen. Bei Erdflöhen hilft es, den Boden durch Mulch gut feucht zu halten, denn so hat der Erdfloh es schwer, seine Eier in der Erde abzulegen. Mischkulturen, regelmäßiges Hacken und Insektenschutznetze gegen Kohlweißling, Kohlfliege und den Erdfloh sind ebenfalls hilfreich. Bei Blattläusen ziehen wir keine Netze, sondern warten auf die Marienkäfer, Ohrenkneifer und Feuerkäfer. Im Dorfgarten streuen wir bei zu starkem Befall die Kohlblätter mit Urgesteinsmehl ein, so haben die Flöhe es schwer, sich festzuhalten.

Auch bei den Kohlgewächsen gilt vorbeugend: Wenn du von Beginn an in deinem Garten auf Vielfalt setzt, wirst du merken, dass sich nach 3–5 Jahren die Natur von ganz alleine hilft und du gespannt dabei zusehen kannst. Alles zum Thema Fruchtgemüse findest du bei den Tomatenseiten.

1. Befall von schwarzen Blattläusen an der Artischocke

2. Netze schützen u. a. Blumenkohl gegen Kohlweißlinge und Kohlfliegen.

3. Das Absammeln von Schnecken hilft, deine Gemüse vor Kahlfraß zu schützen. Die Rote Wegschnecke steht deshalb allerdings in Bayern auf der Roten Liste und wird von der unbeliebten und gefräßigen Spanischen Wegschnecke verdrängt.

Auf einen Blick: Sommerpflege im Gemüsebeet

Im Sommer bekommt dein Gemüse einen richtigen Boost durch die vermehrte Sonneneinstrahlung und Wärme. Viel wird geerntet und Neues muss gesät werden.

Etwas Bodenbearbeitung

Auch im Sommer sollten wir an die Gesundheit unsere Böden denken und sie nicht den Naturgewalten allein überlassen. Daher lohnt es sich, nach der ersten Ernte das Beet mit Hacke und Rechen zu säubern und mit der Broadfork zu lockern. Eine Gabe frisch gesiebter Kompost ist immer eine gute Idee.

Kompost pflegen

Schaue dir im Sommer vor allem deinen Kompost genau an! Ist er zu trocken, zersetzt sich einiges nicht oder riecht er schlecht? Dann solltest du handeln. Ein Kompost sollte immer nach frischem Waldboden duften. Schaue dir hierzu die Seiten 106–109 genau an. Dort erkläre ich dir, wie du einen neuen Kompost anlegst und pflegst.

Neuen Kompost ausbringen

Ist die erste Runde aus dem Frühjahr geerntet worden und du möchtest Neues auspflanzen, dann wäre eine neue Gabe Kompost für dein Beet eine tolle Lösung, den Boden aufzuwerten. Pro Quadratmeter kannst du zwischen 4 und 10 Liter Kompost ausbringen. Je nachdem wie viel dein Boden benötigt.

Kontrolle

Du kennst es vielleicht auch: man gärtnert und gärtnert, aber vergisst so manche Topfpflanze zu gießen oder bei den Kohlgewächsen die Kohlweißlingsraupen abzusammeln, und schwups ist das Gemüse weg. Mache dir einen Wochenplan, wo genau drinsteht, wann welche Beete kontrolliert werden müssen. Bist du einmal in der Routine, klappt alles ganz fließend und du wirst nicht mehr allzu oft mit einer bösen Überraschung konfrontiert. Ein Gießplan für diverse Kulturen eignet sich bei größeren und mehreren Beeten auch.

EM

Startest du im Sommer mit einem neuen Beet oder geht noch einiges in die Aussaat, sind Effektive Mikroorganismen (EM) zum Angießen der Erde perfekt. Vor allem in trockenen ausgelaugten Böden, wo wenig Leben unterwegs ist, können EM helfen, deine Erde wiederzubeleben. Denn wie du weißt, braucht es diese kleinen Helferlein in deinem Garten, um gesundes Gemüse und Obst anbauen und ernten zu können.

Jäten

Falls deine Gemüsepflanzen irgendwie im Wachstum stehen geblieben sind, kann es sein, dass der Boden einfach zu hart und luftundurchlässig geworden ist. Schnapp dir eine Pendel- oder Drahthacke und mache dich ans Werk. Durch das Aufbrechen der Kruste um deine Pflanzen herum, kann wieder mehr Sauerstoff ausgetauscht werden und die Bodenpilze und Mikroorganismen atmen auf.

Mulchen

An den Rasenmäher und los geht es! Mulch ist für uns eine große Erleichterung in heißen Sommern. Er schützt vor Austrocknung und gibt in Form von Humusbildung einen Langzeitdünger an die Kulturen ab. Falls du selbst keinen Rasen besitzt, frag doch einen lieben Nachbarn/in, ob du bei ihm oder ihr mähen darfst.

Wasser auffangen

Regen ist im Sommer oft Mangelware. Daher versuchen wir jeden wertvollen Tropfen aufzufangen und für trockene Tage zu speichern. Falls du die Möglichkeit einer Zisterne oder eines Naturteichs hast, lasse das Wasser dort hineinfließen. Es funktionieren aber auch normale Regentonnen aus dem Baumarkt. Bitte schließe hier immer den Deckel, sodass keine Insekten, Vögel oder kleinen Säuger ertrinken.

Dorfgarten spezial

Hühner, Truthahn & Enten

Kein Garten kommt ohne Tiere aus. Ob die kleine Ameise oder das Reh, welches gern vorbeispaziert. Im Dorfgarten lebt noch dazu eine bunte Geflügelschaar – und diese hat eine Aufgabe!

Dass Geflügel in der Massentierhaltung eine Aufgabe hat, ist bekanntlich klar, doch unsere Tiere dürfen Huhn, Truthahn und Ente sein. Natürlich legen unsere Hennen auch Eier, doch keine 365 Tage im Jahr.

Unsere Hühnercrew

Hier im Dorfgarten begann alles mit drei Vorwerkhennen, diese Rasse wurde von Oskar Vorwerk in Hamburg im Jahre 1902 gezüchtet. Durch den 1. Weltkrieg starb die Rasse allerdings fast komplett aus, nur zwei Hähne und 26 Hennen blieben übrig. Über die Jahre wurde der Bestand durch neue Kreuzungen wieder gesund aufgebaut und heute leben über 4.000 dieser zutraulichen und sehr neugierigen Tiere in Deutschland. Das Vorwerkhuhn wird derzeit von der GEH (Gesellschaft zur Erhaltung alter und gefährdeter Haustierrassen e. V.) in der „Vorwarnstufe" geführt.

Vor über sieben Jahren, noch bevor wir selbst in unser neues Zuhause zogen, lebten unsere drei Vorwerkhühner im Hausgarten. Gertrude, Giselinde und Berta waren nicht aufzuhalten und verschlangen liebend gern frischen Salat. Unsere Gertrude, auch liebevoll „Gertrüdchen" genannt, ist heute noch ein fester Bestandteil der Hühnercrew und bei jedem Ausmisten, Futter auffüllen, Tränken putzen und Eierholen mit dabei. Sie hat vor nichts Angst und ist schon einige Male dem Habicht und Sperber entkommen. Manchmal frage ich mich wirklich, wie sie nur so taff sein kann. Natürlich hat dieses Huhn auch schon einige Jahre Lebenserfahrung und möchte jedes Jahr einen Satz Eier selbst ausbrüten. Meistens leider zur unpassendsten Zeit und an seltsamen Orten, aber der Wille zählt ja bekanntlich. Neben ihr leben mittlerweile ca. 40 andere Hühner in der Gruppe. Ein Mix aus alten Hühnerrassen und geretteten Legehennen aus der Legebatterie, welche bei uns ihre Seniorenresidenz gefunden haben. Von Ende Oktober bis Anfang März darf die Crew den ganzen Garten erobern, um Schneckeneier, Zecken, Erdflöhe und Co. zu verspeisen.

Truthi & Trinity

Außerdem lebt noch ein Truthahnpaar und ein bunter Entenmix im Dorfgarten. Truthi und Trinity, so wur-

den unsere beiden Truthühner von den Nachbarskindern benannt, leben seit über 6 Jahren im Market Garden. Die beiden passen auf unsere Hühnerschaar genau auf und melden, sobald sich ein Greifvogel nähert oder ungebetene Gäste am Zaun entlangspazieren. Durch einen lauten Ruf, „das Ötteln", signalisiert Truthi den Hühnern „Achtung Gefahr!", und alle Tiere laufen auf dem schnellsten Weg unter und in den Stall. Dies hat in den letzten Jahren bis auf wenige Ausnahmen gut geklappt und Truthi hat so einige „Kämpfe" mit Habicht, Milan und Sperber erfolgreich gewonnen. Als Dank genießt er ein hohes Ansehen in der Gruppe und bekommt natürlich auch die leckersten Snacks aus dem Garten von der Gärtnerin überreicht. Wusstest du, dass man rote Kleidung eher vermeiden sollte, wenn man es mit Truthühnern zu tun hat? Ja genau: Vögel sehen im Gegensatz zu anderen Tierarten das komplette Farbspektrum! Außerdem zeigen Truthähne mit ihrem Farbwechsel am unbefiederten Kopf und Hals, wie ihre Stimmung gerade ist. Ist dieses bläulich-weiß, sind sie entspannt. Wird es aber rot und der Hals plustert sich auf, sind sie angespannt und gestresst. Dieses Verhalten sieht man auch meist, wenn die Männchen den Weibchen imponieren möchten. Männliche Truthähne (Puter) haben ein auffälliges Balzverhalten: Sie stellen ihr Gefieder auf, spreizen ihren Federschwanz und zeigen ihre Kehllappen und Brustfedern, um die Hennen zu beeindrucken. Zudem merken sich Truthühner sehr gut Gesichter. Truthi ist stark auf uns als Familie geprägt und meist der Erste morgens an der Tür, da er weiß, dass wir ihm immer etwas Frisches aus der Küche mitbringen – und Trinity und Truthi lieben Erdbeeren über alles!

Unsere Entenschaar

Sie ist, was das Thema Schnecken angeht, unsere Rettung! 2024 folgte nach monatelanger Trockenheit ein dreiwöchiger Dauerregen im August. Ganze Salatbeete wurden über Nacht von den Nacktschnecken verspeist, so schnell kam man gar nicht mit dem Absammeln hinterher. Wir haben uns dann getraut, die Enten frei im Garten umherlaufen zu lassen, mit der Ungewissheit, ob danach noch ein Stein auf dem anderen im Gemüsebeet stehen würde. Aber sie haben uns positiv überrascht! Sie kannten zwar schon Schnecken – da wir immer die abgesammelten in den Auslauf der Enten gegeben haben – doch dass sie dann eine so vortreffliche Arbeit leisten, hätten wir uns nicht erträumen lassen. Die kommenden Wochen hatten wir trotz Dauerregen keine Ausfälle, was die Gemüseproduktion angeht, und die Enten waren satt und zufrieden. Doch Geflügel benötigt eine Menge Pflege, viele Stunden Arbeit kommen da in der Woche zusammen: Füttern, Ausmisten, bei Bedarf behandeln, auf Krankheiten kontrollieren, Abwechslung im Auslauf schaffen usw. Im ersten Jahr gefror im Winter stündlich das Wasser ein, da wir noch keinen Stromanschluss hatten. Und im Sommer möchte die rote Vogelmilbe nicht gehen und muss aktiv von uns durch das Ausbrennen des Stalls bekämpft werden. Aber alles in allem können wir uns unsere Geflügelcrew nicht mehr wegdenken. Natürlich bedeutet Tiere zu halten auch immer Verantwortung zu tragen, damit es ihnen gut geht, sie sich in ihrem Zuhause wohlfühlen und die Gruppendynamik stimmt. Doch wir bekommen auch so viel von ihnen zurück! Nicht zuletzt ihren Dung, welchen wir für unsere Starkzehrer zu den Pflanzungen mitbenutzen. Diesen geben wir entweder direkt mit in das Pflanzloch und vermengen ihn sorgfältig mit der Erde darin oder lösen ihn in Regenwasser auf. Bei dem flüssigen Dung ist das Mischungsverhältnis für eine 10 L-Gießkanne 1:50, also ca. 200 ml Hühnerdung.

BUNT, KNACKIG UND VIELFÄLTIG

Der Sommer ist für uns die abwechslungsreichste Jahreszeit überhaupt. So viele Sorten unterschiedlichster Gemüse wachsen nur dann.

ABEND-STIMMUNG IM DORFGARTEN

Anbau und Erntetipps im Sommer

Gemüse anbauen im Sommer macht nicht nur unheimlich viel Freude, sondern bringt auch eine enorme Vielfalt auf deinen Teller. Wenn man aber viel ernten kann, steht aber auch die Pflege, das richtige Ernten und Nachdüngen der Kulturen mit auf der Liste.

Im Juni beginnt der Sommer im Gemüsegarten. Erste Gurken und Zucchini reifen ab, Zwiebeln, Knoblauch und Frühkartoffeln werden geerntet und die Tomaten hängen voll mit grünen Rispen. Es gibt wieder eine Fülle an Gerichten aus dem eigenen Garten und der wöchentliche Einkaufszettel beinhaltet nur noch die notwendigsten Produkte.

HERBST- UND WINTERGEMÜSE AUSSÄEN

Der Sommer ist aber auch die Jahreszeit, wo wir an das Herbst- und Wintergemüse denken sollten. Hier eine etwas größere Auflistung, was du jetzt noch alles für die Ernte im Herbst/Winter vorziehen und aussäen kannst: Radicchio, Chinakohl, Grünkohl, Rosenkohl, Rotkohl, Blumenkohl, Brokkoli, Wirsing, Weißkohl, Spitzkohl, Kohlrabi, Möhren, Pastinaken, Stangensellerie, Lauchzwiebeln, Bohnen, diverse Salate u. v. m. Bei den Kürbisgewächsen kann jetzt der zweite Satz nachgesät werden: Gurken, Zucchini und Kürbisse. Dies funktioniert immer ganz gut, denn sobald der erste Satz beginnt, mit Echtem Mehltau zu kämpfen, können diese Pflanzen durch neue ersetzt werden. Die Tabelle auf Seite 80 kann dir dabei hilfreich sein. Achtung hier: Nicht in dasselbe Beet pflanzen, um die Übertragung von Krankheiten auf die Jungpflanzen einzudämmen bzw. zu vermeiden!
Versuche, sobald sich ein Beet lichtet, immer gleich etwas Neues nachzupflanzen, so hast du kein Ernteloch im Hochsommer und kannst bequem weiter frisches Grün aus deinem Garten beziehen. Eine Aussaattabelle mit Beetplan am Anfang des Jahres zu erstellen, hilft dir, den Überblick zu behalten.

NÄHRSTOFFE BEI MANGEL AUFFRISCHEN

Werden einige Laubblätter von Starkzehren und oder Mittelzehren blass (von dunkelgrün zu hellgrün/gelb), so kann ein Nährstoffmangel der Grund sein. Schaue genau hin, was deine Pflanze benötigt. In Jauchen (Brennnessel oder Kohlblatt) ist Stickstoff enthalten, diesen benötigt die Pflanze, um ein gesundes Blattwachstum zu entwickeln. Verkrümmen sich aber die Früchte, die Blütenstände entwickeln sich nicht oder wachsen kaum, so liegt kein Stickstoffmangel vor, sondern eher ein Kalzium- und Magnesiummangel. Diesen kann man mit Urgesteinsmehl oder gemixten Eierschalen beheben.

Fülle dir im Winter eine **Saatgutbox,** welche nach Monaten sortiert ist. So kannst du immer am Anfang des neuen Monats sehen, was du jetzt alles in die Aussaat bringen kannst. Salate – kann man immer säen – wandern in der Box von Monat zu Monat mit.

TOMATEN

— *Über 38 Sorten für den Hobbyanbau*

WUCHS UND AUSSEHEN Je nach Sorte und Wuchsform kann von der kleinen Buschtomate mit 20–30 cm Höhe bis zur Cherrytomate im Folientunnel von über 5 m Höhe alles dabei sein. Die Wurzeln von Tomaten können bei einem gesunden, gut durchlässigen, humusreichen Boden auch schon mal 4–5 m in die Tiefe gehen.

AUSSAAT Beginnt bei uns immer Anfang Februar (dank LED-Beleuchtung) und erfolgt bis Ende März. Langsam wachsende Sorten, wie z. B. Fleischtomaten, ziehen wir früher an als schnell wachsende Cherry- oder Buschtomaten. Wir nehmen uns eine Aussaatschale und verwenden bei Starkzehrern wie den Tomaten gedämpfte Komposterde aus dem eigenen Garten. Für die Aussaat Erde in die Schale geben, ein 0,5 cm tiefes Loch mit dem Pikierstäbchen formen und je ein Korn hineinlegen, mit Erde abdecken und gut andrücken, abschließend mit lauwarmem Wasser mit EMs gut angießen. Deine Anzucht sollte bei 20–24 °C an einem hellen Südfenster oder unter einer LED-Beleuchtung (mindestens 14 h Licht) stehen. Nach 7–10 Tagen zeigen sich erste Keimlinge und nach 3–4 Wochen kann in einen größeren Topf pikiert werden. Dieser steht dann ab April zur Abhärtung (Cool-Morning-Methode) im frostfreien Gewächshaus.

PFLANZUNG / PFLEGE Ab Anfang Mai wird dann ins Gewächshaus oder in den Folientunnel und nach den Eisheiligen ins Freiland gepflanzt. Bei der Pflanzung graben wir ein so großes Loch, wie der Topfballen groß ist. Eine Handvoll Kompost oder etwas Dung kommt mit hinein und wird sorgfältig eingearbeitet. Danach das Loch bis zum Rand mit Wasser füllen und warten, bis es eingesunken ist. Die untersten Blätter der Pflanze entfernen, den Wurzelballen etwas aufbrechen und ins Erdloch stellen. Mit Erde anfüllen und gut angießen. Gemulcht wird mit Rasenschnitt oder Stroh. Bei höheren Sorten das Anbinden nicht vergessen! Regelmäßig die kleinen Trieb in den Blattachseln ausbrechen (ausgeizen), außer bei Buschtomaten.

GOLDIANA

— *Sehr ertragreich*

FRÜCHTE Diese Sorte ist eine unserer ertragreichsten Cherrytomaten. Ihre Vorzüge sind ihr Fruchtgewicht von ca. 20 g sowie ihre eher langen Rispen mit bis zu 15 Tomaten. Sie eignet sich für gemischte Tomatenschalen und ist bei unseren Kunden durch ihre ausgewogene Säure und knackige Konsistenz sehr beliebt.

ANBAU 'Goldiana' kommt bei uns ausschließlich in den Folientunnel, da sie bis Ende Oktober eine Höhe von locker 5 m erreichen kann. Wie jede Tomatensorte liebt sie es, in der vollen Sonne zu wachsen.

DG BIG RIPPLE

— *Feines Aroma & frühreifend*

FRÜCHTE Sie ist ein wahrer Schatz unter den Tomatensorten. Gezüchtet wurde diese Fleischtomatensorte von Giovanni Malfitano aus Korschenbroich, sie kann 250–500 g auf die Waage bringen, im Dorfgarten auch schon über 700 g. Sie hat ein sehr feines Aroma, zählt zu den mittelfrüh reifenden Tomaten und eignet sich speziell für Caprese.

ANBAU Der Züchter empfiehlt für den Anbau seiner Fleischtomatensorten, diese eintriebig heranzuziehen. Die schweren Früchte sollte man zusätzlich hochbinden, um ein Abknicken der Rispe zu verhindern.

PLUM INDIGO STRIPED

— *Frühreifend & braucht wenig Wasser*

FRÜCHTE Eine 45–65 g schwere Pflaumentomatensorte. Sie hat ein außerordentliches gutes und komplexes Aroma mit vielen Nuancen. Sie ist frühreifend und hat ihren Ursprung in Italien, wo sie sich aufgrund ihrer Farbe aber nicht so gut behaupten konnte und in Vergessenheit geriet.

ANBAU Diese Sorte kommt mit wenig Wasser aus und kann zwei- bis dreitriebig unter einer Überdachung gezogen werden. Beim Anbau in Folientunneln oder Gewächshäusern ist allerdings eine Schattierung im Sommer sinnvoll, um Verbrennungen vorzubeugen.

GERMAN GOLD

— *Beste Fleischtomatensorte*

FRÜCHTE Die historische Fleischtomatensorte stammt aus der Erhaltungszucht von Wolfgang Kreimer (Mühlenbachhof / Gründungsmitglied von Dreschflegel). Sie hat tolle goldgelbe, marmorierte Früchte mit unverkennbarem Aroma. Sie zählt mit zu den besten Fleischtomatensorten, die man anbauen kann. Häufig sind alte Sorten besser verträglich für Allergiker!

ANBAU Die Sorte sollte eintriebig gezogen und unter Glas oder Folie angebaut werden. Trotz der schweren Früchte benötigen die Rispen keine Unterstützung. Im Dorfgarten liegt der Rekord aus einer Königsblüte entstandenen Frucht bei 790 g!

GREEN ZEBRA

— *Grüne Sorte für Tunnel oder Gewächshaus*

FRÜCHTE Die 'Green Zebra' ist eine mittelspät reifende Tomate, welche gelbgrün abreift und wohl mit die bekannteste grüne Tomatensorte ist. Ihre geflammten Früchte, das smaragdgrüne saftige Fruchtfleisch mit dünner Schale sowie das würzige Aroma sind ein Schmaus für alle Sinne. Das Fruchtgewicht liegt hier bei 100–120 g.

ANBAU Wir ziehen die 'Green Zebra' als eintriebige Pflanze, doch man kann sie auch zweitriebig im Tunnel oder Gewächshaus ziehen. Der Anbau im Freiland ist nicht zu empfehlen, da die dünne Haut der Frucht schnell patzen kann.

CILIEGIA

— *Frühreifend & außerordentlich süß*

FRÜCHTE Die 'Ciliegia' ist eine alte italienische rote Cherrytomate. Sie ist reichtragend, platzfest und hat ein hervorragendes Aroma. Ciliegia heißt übersetzt Kirsche, die Sorte gilt als die süßeste und aromatischste Tomate überhaupt. Sie zählt mit zu den frühreifenden Tomaten.

ANBAU Wir ziehen diese Sorte im Tunnel an den Tomatenhaken meistens eintriebig, da sie am Ende der Saison locker auf 5 m Länge heranwächst und wir dies gut händeln können. Durch ihren starken und gesunden Wuchs kann sie aber auch zwei- bis dreitriebig gezogen werden.

DG SAN PIZZUOLO

— *Einzigartiger Geschmack & lagerfähig*

FRÜCHTE Diese Sorte gehört wie die DG Goliath zu den jüngsten Züchtungen von Giovanni Malfitano. Sie ist seit über 5 Jahren fester Bestandteil im Dorfgarten und die beste Sorte für unsere Passata. Die Früchte können bis Ende Oktober hinein an den Pflanzen hängen bleiben und lassen sich über 2 Monate darüber hinaus noch lagern. Der Geschmack ist einzigartig!

ANBAU Wir ziehen die 'DG San Pizzuolo' eintriebig im Gewächshaus oder Tunnel. Die unteren ersten Früchte werden in der Regel größer als die oberen und haben eine ausgeprägte kleine Spitze am Fruchtende.

CHEROKEE LIME STRIPED

— *Ausgezeichneter Geschmack & wunderschön anzusehen*

FRÜCHTE Diese wunderschöne mehrfarbige Sorte stammt aus Indiana (USA). Sie produziert mittelgroße bis große Früchte, welche auch schon einmal bis zu 500 g schwer werden können. Hierbei sind die ersten Früchte größer als die späteren. Beim Aufschneiden erlebt man eine Farbexplosion! Das orange, gelb, grün und rot marmorierte Fruchtfleisch ist ein Hingucker.

ANBAU Nur im Gewächshaus oder Folientunnel anbauen, da die Sorte zu den Fleischtomaten gehört. Bis zum Ende der Saison im September / Oktober schafft sie es bis auf 1,80 m Höhe und trägt eine lange Zeit gesundes Laub.

AZUL DE MAR

— *Wunderschön & schnittfest*

FRÜCHTE Eine blauviolette Sorte mit weinrotem Fruchtfleisch. Sie schmeckt würzig, frisch und süß. Ab Mitte / Ende Juli, wenn die ersten Früchte beginnen zu reifen, ist sie durch ihre Farbe und Form der absolute Hit im Market Garden!

ANBAU Die Sorte kann man im Freiland, besser noch im überdachten Bereich, anbauen. Die ersten Fruchtansätze von der Königsblüte sehen, wie bei den meisten Fleischtomaten, etwas „verwachsen" aus. Man kann diese erste Blüte auch ausbrechen, da die erste Frucht immer etwas mehr Kraft von der noch jungen Pflanze abverlangt.

TOMATEN-KRANKHEITEN

— *Krautfäule & Co.*

Beim Fruchtgemüse gibt es je nach Pflanzenart diverse Krankheiten und Schädlingsbilder, welche auftreten können. Doch bei Tomaten gibt es meiner Meinung nach mit die bekanntesten, die du kennen solltest, um bei einem Befall schnell handeln zu können.

KRAUT- UND BRAUNFÄULE Durch einen im Substrat lebenden Pilz, dessen Sporen sich durch Wasser verbreiten, bilden sich braune Flecken auf Blättern und Früchten, die sich schnell ausbreiten. Lüften ist dann der Key! Befallene Blätter solltest du mit einer sauberen Schere und Handschuhen entfernen und auf einen separaten Komposthaufen werfen. Wenn heiß kompostiert wird (> 65 °C), können diese auch auf den normalen Komposter.

BLÜTENENDFÄULE Eine Mangelerscheinung, die zu schwarzen, fauligen Stellen an den Fruchtenden von Tomaten und Paprika führt. Hier solltest du prüfen, ob die Pflanze mit genügend Kalzium und Magnesium versorgt ist. Man kann Eierschalen zermahlen oder in einen Mixer packen und rund um die Pflanze mit einer Harke vorsichtig einarbeiten. Oder man nimmt sich gleich das feine Urgesteinsmehl zu Hilfe. Eine Tasse Gesteinsmehl in eine mit Wasser gefüllte 10 l-Gießkanne geben, gut verrühren und vorsichtig um die betroffenen Pflanzen gießen.

AUFPLATZEN DER FRÜCHTE Kann bei Tomaten auftreten, wenn sich das Wachstum der Frucht verlangsamt und dann wieder beschleunigt. Hier ist der Auslöser meist eine unregelmäßige Wassergabe oder die Wassergabe zur falschen Uhrzeit. Der Innendruck der Frucht kommt dann ins Ungleichgewicht und lässt die Früchte platzen. Wir gießen meist am Vormittag, wenn die Pflanzen sich nach einem stressigen warmen Tag wieder „abgekühlt" haben.

GRÜNKRAGEN ODER GELBKRAGEN Entsteht aufgrund von Kalziummangel. Hierbei verfärbt sich bei Tomaten der Fruchtansatz.

SAMTFLECKENKRANKHEIT Ein Pilz, der in Deutschland oft auch für die Kraut- und Braunfäule gehalten wird. Sie bricht vor allem in kühlen, feuchten Sommern im Tunnel oder Gewächshaus aus. Unregelmäßige gelbe Punkte auf der Oberseite und ein Pilzrasen auf der Unterseite zeichnen diese Krankheit aus. Resistente Sorten, gute Belüftung und Reduzierung der Luftfeuchte helfen hier weiter!

1. Beginn der Kraut- und Braunfäule
2. Blütenendfäule

1

2

GURKEN-KRANKHEITEN

— *Mehltau & Co.*

Stell dir vor, du schlenderst durch deine Gurkenpflanzen und plötzlich siehst du einen Befall! Obwohl gestern noch alles gut war, kann es heute ganz anders sein. Pilze, Bakterien, Viren und Co. können sich schnell unter falschen Bedingungen vermehren. Wenn man aufmerksam ist, lässt sich ihnen oft mit einfachen und simplen Mitteln entgegenwirken.

WURZELFÄULE (Pythium), **KRAUT- UND BRAUNFÄULE** (Phytophthora), **FUSARIUM** (Schlauchpilz) entstehen oft bei Staunässe. Die Zeichen sind Vergilbung, welkende Triebe, braune, faserige Wurzeln und ein fader Geruch aus dem Erdreich. Was tun? Den Boden gut durchlässig halten, nicht zu viel Wasser auf einmal, besser regelmäßige und geringe Bewässerung. Vor dem Auspflanzen prüfen, ob die Wurzeln gesund sind. Wenn das Unheil schon beginnt, Boden abtrocknen lassen.

ECHTER MEHLTAU Ein weißes „Pulver", welches sich auf die Blätter legt. Die Pflanze hat bei starkem Befall kaum noch die Kraft, Früchte zu produzieren. Die Lösung ist frühzeitiges Eingreifen, indem du die Luftfeuchtigkeit herunterregelst (falls machbar), Abstand zwischen den Pflanzen einhälst, morgens nur sparsam gießt, damit die Feuchtigkeit nicht verweilt, und befallene Blätter sofort entfernst und gesondert kompostierst.

FALSCHER MEHLTAU Gelbgrüne Flecken, dunkle Nekrosen, schnelle Ausbreitung bei Nässe. Hier hilft es, die Infektion früh zu erkennen und auf eine gut belüftete Umgebung zu achten. Vermeide außerdem Staunässe, entferne befallene Blätter und nimm Hygienemaßnahmen ernst.

BLATTFLECKENKRANKHEIT Sie zeigt sich durch dunkle, ringförmige Flecken, die durch Pilze hervorgerufen werden, die sich bei Feuchtigkeit wohlfühlen. Hier gilt es, befallene Blätter zu entfernen und die Luft zirkulieren zu lassen. Mulchen stabilisiert die Bodenfeuchte und schützt die Wurzeln.

GURKEN-MOSAIKVIRUS Verursacht Blattvergilbungen, Blattdeformationen und Fruchtverkrümmungen. Die Laubblätter der Gurkenpflanzen sehen wie ein gelbgrünes Mosaik aus. Diese Krankheit wird durch Blattläuse, verunreinigte Gartenwerkzeuge oder infiziertes Saatgut übertragen.

1. Spinnmilbenbefall
2. Gurken-Mosaikvirus

1

2

ANBAUTIPPS & SORTEN

GURKEN

— *Cucumis sativus*

WUCHS & AUSSEHEN Gurken sind einjährig rankende Pflanzen aus der Familie der Kürbisgewächse. Es gibt diverse Sorten, welche alle unterschiedlich breit oder hoch wachsen können. Die Früchte wachsen aus den weiblichen Blütenansätzen und sind im reifen Zustand meist grün. Auch können sie etwas borstig, stachelig, mit Warzen besetzt oder lang und glatt sein. Es gibt so viel mehr als die normale Schlangengurke aus dem Supermarkt. Die meisten Gurkensorten sind wahre Kletterkünstler, eine Rankhilfe ist empfehlenswert. Im Dorfgarten werden die Gurken eintriebig im Folientunnel gezogen, um einfacher ernten und bei einem möglichen Befall schnell handeln zu können.

AUSSAAT Je nach Sorte ziehen wir unsere Jungpflanzen ab Anfang März bis Ende Mai vor. Man kann sich merken, dass Kürbisgewächse immer ca. 4–6 Wochen vor der Pflanzung gesät werden. Wenn man schon Mitte April die Gurken ins Gewächshaus pflanzen kann, so ist die Aussaat Anfang März. Pflanzt man nach den Eisheiligen ins Freiland, nachdem 15. Mai, so ist die Aussaat Anfang April. Eine versetzte Aussaat ist immer sinnvoll, da man den ersten Satz Gurken meist im Juli / August wegen Krankheiten entfernen muss. Ein zweiter Satz kann dann an einer anderen Stelle ab Anfang Juli gepflanzt werden. Gurkensamen lieben eine Keimtemperatur zwischen 24–28 °C. Die Aussaat muss nicht zwingend in magerer Erde stattfinden, wir nutzen unsere gedämpfte Komposterde. Diese in 9 × 9-cm-Töpfe füllen und ein 1–2 cm tiefes Loch mit einem Stift oder Pikierstäbchen formen, das Samenkorn mit der Spitze nach unten hineinlegen. So kann der kräftige Keimling später einfacher nach oben wachsen. Andrücken und gut feucht halten. Ein kleines Minigewächshaus an einem Südfenster begünstigt die Keimung.

PFLANZUNG Gurken mögen es nicht, pikiert zu werden! Wähle hier immer einen ausreichend großen Topf, indem die Pflanze bis zur Pflanzung wohnen kann.

1. Veredelte, ca. 4 Wochen alte Jungpflanze

2. Gurkenpflanze, stark behangen mit gesunden Früchten

1

2

EINLEGEGURKE LIEFJE

— *Robust, lecker & schön*

FRUCHT 'Liefje' ist unser kleiner Liebling im Market Garden. Sie wächst sehr robust, bekommt sehr spät im Jahr die gurkentypischen Krankheiten und punktet in Sachen Geschmack und Aussehen! Sie ist eine gemischtblühende Sorte (männliche und weibliche Blüten) mit starkem Glanz, kleinen Warzen und dunkelgrüner Farbe.

ANBAU Anfang April beginnt bei uns die erste Aussaat der Sorte im Haus an einem Südfenster. Wenn nach den beiden Keimblättern die ersten typischen Laubblätter folgen, kommen die Jungpflanzen zur Abhärtung ins frostfreie Gewächshaus.

FREILANDGURKE TANJA

— *Einfach in der Pflege*

FRUCHT Eine gemischtblühende, ertragreiche Salatgurkensorte für den Freilandanbau. Die Früchte sind dunkelgrün, schlank, leicht bestachelt und völlig bitterfrei, sie werden in der Regel 25–30 cm lang. Die Sorte 'Tanja' ist seit vielen Jahren im Garten bewährt, durch ihre einfache Pflege und das späte Einsetzen von gurkentypischen Krankheiten sowie hohen Erträgen.

ANBAU Wie alle anderen Kürbisgewächse benötigt diese Sorte eine Keimtemperatur von 24–28 °C. Gepflanzt wird ab Mitte / Ende Mai ins Freiland, entweder in ein großes Beet oder in einer Reihe, wo die Gurken dann durch ein Rankgerüst gestützt werden.

MEXIKANISCHE MINIGURKE

— *Robuste Snackfrüchte*

FRUCHT Diese kleine Gurke ist eine tolle Option, um deinen Garten mit etwas Exotischem zu füllen. Deine Besucher werden staunen, was für kleine „Miniwassermelonen" bei dir wachsen. Die Mexikanische Minigurke schmeckt säuerlich gurkig, frisch und knackig. Die Pflanze ist rankend und sehr robust, außerdem ist sie resistent gegen beide Mehltauvarianten!

ANBAU Ab April säen wir die kleinen Samen dieser Sorte im Haus an einem Südfenster vor. Der Anbau funktioniert im Freiland fast genauso gut wie unter Folie oder Glas. Bis in den Oktober hinein ernten wir diese aromatischen Minifrüchte.

SÜSSKARTOFFEL

— *Pflegeleicht & lecker*

WISSENWERTES Süßkartoffeln stammen ursprünglich aus Mittel- und Südamerika und sind vielseitig einsetzbar. Die Knollen trotzen nur vor wichtigen Inhaltsstoffen. Süßkartoffeln gehören im Gegensatz zu unseren bekannten Kartoffeln zu den Windengewächsen. Die Blätter der Süßkartoffel lassen sich hervorragend in der Küche mit einsetzen. Angebraten wie Spinat oder roh in den gemischten Salat peppen sie deine Speisen auf!

ANBAU Ab Ende Januar ziehen wir meist aus Süßkartoffelknollen kleine neue Jungpflanzen, aus denen im Laufe des Jahres ein Teppich aus Grün entsteht. Wir halbieren dazu die Knolle und legen sie in einen Topf mit feuchter Erde in ein Minigewächshaus und stellen dieses an ein warmes Südfenster. Nach 1–2 Wochen zeigen sich erste Keimlinge, nach 3–4 Wochen können wir diese mit einer Schere oder dem Messer abschneiden und in ein Glas mit Wasser stellen. Nach einer Woche zeigen sich in deinem Glas mit frischem Wasser erste kleine Wurzeln. Wenn diese lang genug sind, werden die Stecklinge in nährstoffreiche Erde umgetopft. Ab Ende Mai kommen die Jungpflanzen in den Boden. Natürlich erhältst du eine höhere Ernte unter Folie oder Glas, doch auch im Freiland funktioniert der Anbau gut.

PFLEGE Regelmäßige Wassergaben sind in den ersten Wochen wichtig für deine noch zarten Pflanzen. Eine Schicht Rasenschnitt schützt den Boden vor Austrocknung und liefert einen Langzeitdünger. Falls die Temperaturen im Mai / Juni nochmal unter 10 °C fallen, lege ein Frostschutzvlies über die Pflanzen. Ansonsten heißt es wachsen lassen und ab Oktober Knollenernte!

LAGERUNG Durch die Curing-Methode werden die Knollen bis zu 12 Monate haltbar gemacht, in dem du sie eine Woche an einem dunklen kühlen Ort, z. B. im Keller, bei 13–15 °C und über 70 % Luftfeuchte lagerst.

1. Steckling mit frischen Wurzeln
2. Jungpflanze bereit fürs Beet

1

2

KURKUMA

— *Robust & sehr gesund*

WISSENWERTES Kurkuma stammt aus Südostasien und ist in den letzten Jahren immer mehr zum Trend auch hier in Europa geworden. Zu Recht! Diese Superknolle ist voll mit ätherischen Ölen, Curcuminoiden, Harzen und Proteinen. Der Hauptwirkstoff Curcumin ist stark entzündungshemmend und verantwortlich für die gelb-orange Farbe. Umso besser, dass man diese Superknolle auch im eigenen Garten anbauen kann.

ANBAU Nimm dazu eine oder mehrere Knollen aus dem Bioladen oder bestelle bei einer der wenigen Landwirte in Deutschland online, wo schon Kurkuma erfolgreich angebaut wird. Lege sie in einen Topf mit feuchter Erde in ein Minigewächshaus und halte die Luftfeuchte relativ hoch. Stelle dieses an ein warmes Südfenster. Das Angießen mit EM verhindert die Schimmelbildung auf der Erde. Nach 1–2 Wochen zeigen sich erste Keimlinge, nach 3–4 Wochen erhält jede einzelne Knolle einen größeren Topf (11 × 11 cm) zum Weiterwachsen. Ab Ende Mai kannst du die Kurkuma ins Gewächshaus pflanzen oder in einen großen Kübel mit frischem Kompost auf den Balkon oder die Terrasse setzen.

PFLEGE Kurkuma liebt einen hellen Standort, dennoch solltest du sie nicht der direkten Mittagshitze aussetzen, da sonst Verbrennungen an den Blättern entstehen. Regelmäßige Wassergaben sind erwünscht, vermeide aber Staunässe. Ansonsten heißt es, wachsen lassen und ab Ende Oktober ist Erntezeit.

LAGERUNG Nach der Ernte trocknen wir die Knollen bei Zimmertemperatur. Danach können sie in Papiertüten oder luftdichten Behältern weiter im kühlen Keller gelagert werden. Die Lagerdauer liegt bei 2–3 Monaten. Es ist ratsam, die Knollen im Haus in einem Topf zu überwintern und wenn man etwas für die Küche benötigt, einfach danach zu graben.

1. Ernte der Kurkumapflanze
2. Die Knollen sind sehr gesund.

1

2

INKAGURKE

— *Lecker als Rohkost oder Gemüsebeilage*

WISSENSWERTES Die Inkagurke, auch Hörnchenkürbis genannt, ist eine rankende Pflanze aus den Anden Südamerikas. Die Früchte können je nach Reifegrad roh, gekocht oder gefüllt verzehrt werden. Während viele andere Gurkenpflanzen überwiegend durch Falschen und Echten Mehltau befallen werden, zeigt sich die Inkagurke zu 100 Prozent resistent.

ANBAU Die Inkagurke ist im Anbau recht unkompliziert, nur der Anfang ist etwas knifflig. Wächst sie aber erstmal los, ist sie nicht mehr aufzuhalten. Sie benötigt nur wenig Platz im Beet, kann aber mit einem Gesamtvolumen von 2–4 m Länge eine Etage höher erreichen. Ein Spalier ist daher sinnvoll. Wir säen die Samen im März bis April an einem warmen Südfenster aus, pro 9 × 9-cm-Topf stecken wir ein bis zwei Samen etwa 2–3 cm tief in die nährstoffreiche Erde. Ein Minigewächshaus darüber und gut feucht halten. Auch hier gießen wir wieder mit EM an, um eine Schimmelbildung zu verhindern. Nach 2–3 Wochen keimen die ersten Pflanzen, ab April können sie sich in einer Kiste im Gewächshaus an die Außentemperaturen gewöhnen. Sollte es noch einmal unter 10 °C werden, kommen die Pflanzen nochmal ins Haus. Ende Mai ziehen die Pflänzchen dann in den Tunnel, ins Gewächshaus oder Freilandbeet um.

PFLEGE Die Inkagurke ist eine robuste, pflegeleichte Pflanze und wächst fast von allein. Eine Rankhilfe ist wichtig, um später auch einfacher ernten zu können. Je nach Wetter geben wir einmal wöchentlich eine Gießkanne an unsere Pflanzen. Mulchen mit Grasschnitt oder Stroh ist ebenfalls eine gute Idee.

LAGERUNG Die Inkagurke ist in Sachen Lagerung ein wenig begrenzt. Frische Früchte sollten innerhalb von 3 Wochen verzehrt werden, da sie sonst schrumpelig werden. Die schwarzen Samen solltest du dir für das kommende Jahr unbedingt für eine Neuaussaat aufheben!

1. Die Pflanzen brauchen ein Rankgerüst.
2. Die jungen Gurken kann man roh essen.

1

2

ARTISCHOCKE

— *Schön & lecker*

WISSENSWERTES Die Artischocke zählt zu den Korbblütlern und ist eine distelartige, mehrjährige Pflanze. Sie wird als Gemüsekultur insbesondere in südlicheren Ländern sehr geschätzt. Ihr fleischiger Blütenboden sowie Teile der Blätter sind essbar. Sie ist vor allem wegen ihrer gesundheitlichen Vorteile für Leber und die Verdauung wertvoll. Sie enthält Bitterstoffe wie Cynarin, die den Stoffwechsel anregen.

ANBAU Es gibt diverse Artischockensorten. Wähle hier eine, die in Deutschland schon an das Wetter angepasst ist. Wir bevorzugen die Sorten 'Imperial Star', 'Vert Globe' und 'DG Cardy Sicula'. Die Aussaat findet bei uns ab Mitte Februar statt, so sind die Jungpflanzen im April / Mai schon stattlich herangewachsen und können in den Beeten Fuß oder besser gesagt Wurzel fassen. Da Artischocken eine tiefe Pfahlwurzel bilden, ist die Aussaat in einem tiefen Topf empfehlenswert. Pro 11 × 11-cm-Topf mit frischem Kompost gefüllt, kommen ein bis zwei Samen in 1–2 cm tief hinein. Gut angießen und an ein Südfenster stellen. Bei 20–22 °C fühlen sich die Samen am wohlsten. Nach 1–2 Wochen zeigen sie die ersten Keimblätter und bald darauf richtige Laubblätter. Ab Anfang April werden die Artischocken an das Wetter draußen gewöhnt, bei Temperaturen unter 10 °C kommen sie aber wieder ins Haus. Ab Mitte Mai ziehen sie dann in ein humusreiches Beet um und wachsen fröhlich vor sich hin. Einige Sorte kann man schon im ersten Jahr beernten, andere wiederum erst im zweiten Standjahr.

PFLEGE Zwei bis drei Düngergaben über die Saison in Form von Jauchen oder Dung sind zu empfehlen, damit die Pflanze genügend Kraft hat, um über den Winter zu kommen. Ab Herbst mulchen wir mit viel Laub unsere Pflanzen, denn ab –10 °C halten auch die Artischocken nicht mehr allzu gut durch.

LAGERUNG Im Kühlschrank halten sich Artischocken bis zu einer Woche, eingefroren zwischen 6–9 Monaten.

1. Artischocken-Jungpflanze
2. Der Blütenboden schmeckt sehr lecker.

1

2

1

2

1. Versetzte Aussaat = versetzte Ernte!
2. Zuckererbsen brauchen eine Rankhilfe, im Hochbeet dürfen sie herunterhängen.

HOCHBEET IM JAHRESVERLAUF: SOMMER

Der Sommer ist da und so langsam lichten sich die ersten Plätze in den Beeten. Die Zuckererbsen, welche am Hochbeet herunterranken, können jetzt mit einer Gartenschere über der Erde abgeschnitten werden. Die Wurzeln mit ihren wichtigen Knöllchenbakterien gefüllt mit Stickstoff dürfen im Boden bleiben. Pflück- und Kopfsalate sind in abwechslungsreichen Bowls auf deinen Tellern gelandet und auch die Radieschen und ersten Roten Beten wurden geerntet.

Beete neu bepflanzen

Daher ist es jetzt an der Zeit, an Neupflanzungen zu denken. Nimm dir dazu auch die Mischkulturtabelle hinten im Umschlag zur Hand. Einiges sollte beachtet werden, wenn du neue Pflanzungen vornimmst. Bei **Salat** kannst du es dir aber einfach machen. Wenn zuvor kein Befall von z. B. Drahtwürmern im Beet war, können deine neuen Jungpflanzen wieder an dieselbe Stelle, denn Salat zählt zu den Schwachzehrern. Im Dorfgarten versuchen wir immer einige Wochen und Monate vorauszudenken. Am Anfang war dies auch für mich nicht einfach und es kam einiges durcheinander. Was dabei hilft, ist eine Aussaatliste mit vermerktem Datum, wann was ausgesät werden muss. Salat wird alle 2 Wochen nachgesät, im Hobbygarten reicht es auch alle 4 Wochen. Nimm dir eine 54er-QuickPot-Platte und los geht es! 12 × Batavia, 12 × Lollo, 12 × Eichblatt, 12 × Rucola, 12 × Hirschhornwegerich – genauso viel passt in die 54 Löcher der QPP. Plane dein Hochbeet so abwechslungsreich wie möglich, denn nur mit vielen diversen Kulturen schaffst du eine Artenvielfalt in deinem Beet, welche dir und den Pflanzen nur zugutekommt! Höhere Artenvielfalt = ein dichteres Mikrobiom. Für jede neue Pflanzung werten wir unser Hochbeet je nach Größe mit einem 10-l-Eimer gesiebten Komposts auf. Alles glatt harken und dann mit Aussaaten und Pflanzungen beginnen.

Jetzt im Sommer ist noch einmal ein guter Zeitpunkt, um die **Möhre**nernte für den Herbst / Winter zu verlängern. Die Möhrensorten 'Gelbe Gochsheimer' und 'Vitella' sind unsere Lieblinge in Sachen Überwinterung im Beet. Die Aussaat erfolgt jetzt im Sommer von Juni bis August. Wenn das Möhrenlaub sich dann im Oktober / November zurückzieht, mulchen wir mit einer dicken Schicht aus Stroh oder Laub, um die Knollen vor Erfrierung zu schützen. Je nach Bedarf kann dann beerntet werden. So ha-

ben wir bis in den April hinein knackig frische Möhren aus dem eigenen Anbau, ganz ohne Einsanden im Keller. Das Gleiche gilt übrigens auch für die **Radieschen**sorte 'Eiszapfen' und die **Rote Bete.**
Sobald im Hochbeet durch eine erste oder zweite Ernte Platz frei wird, kann im Hochsommer auch immer **Blattsalat** nachgesät werden. Vergiss hier nicht Radicchio, Endivie, Feldsalat und Spinat. Bei den beiden Letzteren ist die Aussaat an einem kühleren Ort (eher in einer QPP vorsäen) sinnvoller. Rote, Gelbe und Gestreifte **Bete** darf jetzt ebenfalls nochmal in die Aussaat. Ob Direktsaat oder Voranzucht, beides funktioniert im Sommer noch ganz gut.
Von Juni bis Juli haben wir noch die Chance, **Buschbohnen** nachzustecken. Für **Stangenbohnen** wäre ein Zeitfenster bis Ende Juni noch realistisch.
Auch Kürbisgewächse wie **Gurken, Zucchini** und Kürbisse säen wir bis Ende Juni in den Ecken unserer 2,50 × 1,25 m großen Hochbeete noch einmal neu aus. Immer im Hinblick, dass der erste Satz irgendwann durch diverse Wetterumschwünge mit Pilzinfektionen oder Ähnlichem befallen werden kann und wir ersetzen müssen, um einem Ernteausfall vorzubeugen.
Die geliebten **Kohlpflanzen** dürfen wir natürlich auch nicht vergessen! Hier achten wir immer auf eine Anzucht in unseren Regalen im geschützten Gewächshaus, da wir schon manche Jahre wie 2025 hatten, wo sich durch Trockenheit der Erdfloh und Rüsselkäfer so stark vermehrten, dass innerhalb eines Tages keine Pflanze mehr stand. Im August schlüpft dann der letzte Schwung der Blattkäfer, und ab Mitte August sind sie nur noch selten im Garten anzutreffen. Sommerkulturen, welche im Mai nach den Eisheiligen gepflanzt wurden, kommen jetzt so richtig in Fahrt. Hier achten wir darauf, dass wir ein Auge auf sie werfen. Die Pflege ist eine wichtige Aufgabe, um eine spätere gute Ernte zu erzielen.

Starte mit einem guten für dich verständlichen **Plan** in den Gemüsesommer. Deine Pflanzen danken es dir später, wenn du dir im Vorhinein Gedanken über Mischkulturen und Fruchtfolgen gemacht hast!

Bohnen, Tomaten, Zwiebeln, Möhren, Salat und Kräuter sind eine perfekte Mischkultur im Sommer. Kürbis und Zucchinis in die Ecken pflanzen für maximale Platzausnutzung.

WAS JETZT, WO NOCH AUSGESÄT WIRD: HERBST- / WINTERGEMÜSE

Einiges kann sich mit der Tabelle auf den Seiten 18–19 doppeln. Diese Tabelle ist nur für die Herbst- / Wintergemüse gedacht.

Pflanze	Aussaat-monate	Voranzucht	Direktsaat	Keimtemperatur	Saattiefe
Diverse Salate	6–9	ab 6	6	15–18 °C	0,5 cm
Rucola, Asiasalat	6–9	ab 6	ab 6	15–18 °C	0,5–1 cm
Pak Choi, Tatsoi	8–9	ab 8	/	15–18 °C	0,5–1 cm
Postelein	9–11	ab 9	ab 9	5–12 °C	0,5 cm
Lauchzwiebeln	6–8	ab 6	6	15–20 °C	1–2 cm
Spinat	8–10	ab 8	ab 8	10–15 °C	1 cm
Feldsalat	8–10	/	ab 8	10–15 °C	0,5–1 cm
Kohlrabi	6–8	ab 6	/	18–20 °C	1 cm
Spitzkohl	6–7	ab 6	/	15–20 °C	1 cm
Brokkoli	6–7	ab 6	/	15–20 °C	1 cm
Blumenkohl	6–7	ab 6	/	15–20 °C	1 cm
Grünkohl	6–7	ab 6	/	15–18 °C	1 cm
Blattkohl	6–7	ab 6	/	15–18 °C	1 cm
Mangold	6–8	ab 6	ab 6	18–20 °C	2–3 cm
Fenchel	6–7	ab 6	/	20–22 °C	1–2 cm
Rote Bete	6–7	ab 6	ab 7	18–20 °C	3 cm
Möhren	6–7	/	ab 6	15–20 °C	1,5–2 cm
Radieschen	6–9	/	ab 6	15–20 °C	1–2 cm
Rettich	7–9	/	ab 7	15–20 °C	1–2 cm
Zuckererbsen	6–7	/	ab 6	10–20 °C	3–5 cm
Buschbohnen	6–7	/	ab 6	18–20 °C	2–3 cm
Einlegegurke	6–7	ab 6	/	22–24 °C	2 cm
Zucchini	6–7	ab 6	/	22–24 °C	3 cm
Kürbis	6	ab 6	/	22–24 °C	3 cm
Petersilie	6–7	ab 6	ab 6	15–20 °C	1–2 cm
Schnittlauch	6–7	ab 6	ab 6	15–20 °C	1–2 cm
Koriander	6–8	ab 6	ab 6	18–22 °C	1 cm
Dill	6–7	ab 6	ab 6	15–20 °C	1 cm

Ab ins Beet!

Grünkohljungpflanzen Ende Juli für die Herbst- / Winterernte einpflanzen

Feldsalatjungpflanzen in einer 54-er-QP-Platte im August. Sie können im Beet von September bis Januar dann geerntet werden.

1

2

1. Zucchini-Ketchup hält sich verschlossen mehrere Jahre.

2. Reife Tomaten in dunkler Farbe eignen sich hervorragend für die Herstellung von Tomatenmark.

MEIN SOMMERREZEPT: ZUCCHINI-KETCHUP

Zucchini-Ketchup ist mit eines unserer liebsten Rezepte, wenn es um das Thema haltbar machen geht.

VORWEG

Sobald die Zucchinischwämme im Juli beginnt und man immer mehr Früchte hat, als man essen kann, ist dieses Rezept perfekt dafür geeignet. Für das Rezept ist es eigentlich egal, ob du runde, längliche, grüne oder gelbe Zucchini für den Ketchup nimmst.

Zucchini zählen zu den Kürbisgewächsen und stammen ursprünglich aus Nordamerika, später wurden sie in Italien zur heutigen Zucchiniform weiter gezüchtet.

VERZEHR

Zucchini haben wenig Kalorien und viele Vitamine (A, C und B), sie können roh oder gegart / gekocht gegessen werden. Im rohen Zustand, z. B. als Zucchini-Salat, bleiben alle wichtigen Nährstoffe und Vitamine erhalten. Wenn deine Zucchini aber bitter schmecken, entsorge diese sofort und esse nicht weiter! Auch wenn du geprüftes Bio-Saatgut ausgesät hast, kann es immer mal passieren, dass es verunreinigt ist. In bitteren Früchten ist der Bitterstoff *Cucurbitacin* enthalten, welcher Übelkeit, Erbrechen und Vergiftungserscheinungen verursachen kann. Aber keine Sorge, wenn man vor dem Verzehr ein kleines Stück probiert, kann man dies schnell identifizieren.

REZEPT-ZUTATEN

- 3 kg Zucchini
- 2 große rote Zwiebeln
- 1 EL Meersalz
- 600 g Tomatenmark
- hochwertiges Bio-Olivenöl
- 300 g Rohrohrzucker
- 300 ml italiensicher Weißweinessig
- 1 Bund Basilikum
- Außerdem brauchst du verschließbare Flaschen zum Abfüllen.

ZUBEREITUNG

1. Beginne am Vorabend mit deinem Ketchup.
2. Nimm dir zunächst deine Zucchinis und schneide die Enden ab. Raspel anschließend alle grob und füge das Meersalz hinzu.
3. Lass die Schüssel über Nacht stehen.
4. Gieße am nächsten Morgen alles durch ein Sieb ab.
5. Brate dann zwei große gewürfelte Zwiebeln und das Tomatenmark in Olivenöl an. Füge die Zucchini, den Rohrrohrzucker, den Weißweinessig und klein gehacktes Basilikum hinzu. Alles darf jetzt ca. 30 Minuten leise köcheln.
6. Danach kannst du die Masse mit einem Mixstab pürieren.
7. Nochmals alles aufkochen lassen und dann in sterile Flaschen abfüllen.
8. Der Zucchini-Ketchup hält mehrere Jahre und ist auch ein tolles selbst gemachtes Geschenk zum Weitergeben.

ERNTEN & NEUE BEETE – VON SEPTEMBER BIS OKTOBER

((Seite 86-87))

Auf einen Blick: Was in dieser Jahreszeit zu tun ist

Der Herbst steht vor der Tür und man merkt relativ schnell, dass die Sonnenstunden weniger werden und die Temperaturen sinken. Zeit, die wichtigsten Aufgaben durchzugehen.

Ernte von Gemüse

Im Herbst steht noch einmal eine größere Ernteschwämme von Gemüse an. Alle späten Kartoffelsorten kommen jetzt aus dem Boden und sollten frostfrei, kühl und nicht zu trocken eingelagert werden. Auch sämtliche Kürbisse werden jetzt mit einer scharfen Schere von der Mutterpflanze getrennt und im Warmen untergebracht (siehe Seite 89).

Ernte von Obst

Äpfel, Birnen, Quitten und Weintrauben sind jetzt an der Reihe und sollten für einen langen Genuss richtig gelagert werden. Auch Heidelbeeren, Brombeeren, Herbsthimbeeren, Zwetschgen und Pflaumen sind erntereif. Um länger Freude an deinem leckeren Obst aus dem Garten zu haben, ist einkochen, einfrieren oder trocknen eine gute Idee.

Kompost sieben

Dein Kompost hat das ganze Jahr gut gearbeitet und ist jetzt so weit zersetzt, dass du mit dem ersten Sieben beginnen kannst. Wähle dir hierzu ein stabiles Kompostsieb aus und lege dir bei Bedarf eine Plane unter den späteren feinen Erdhaufen. So gelingt das Schaufeln in die Schubkarre oder Eimer leichter. Siehe Seite 108–109.

Kompost ausbringen

Jetzt im Herbst sind bestimmt schon einige Beete etwas leerer oder eine letzte Aussaat/Pflanzung steht bei dir bevor. Nutze deinen frisch gesiebten Kompost, um den Boden wieder mit Nährstoffen anzureichern. Wenn du dein Beet über den Winter nicht mehr nutzen möchtest, kannst du es mit einer Plane abdecken.

Neue Beete anlegen

Der Herbst ist eine ideale Jahreszeit, um neue Beete in deinem Garten anzulegen. Durch die No-Dig-Methode gräbst du deinen Boden, welcher zu einem Beet werden soll, nicht um, sondern lässt eine ausgebreitete Silofolie ihre Arbeit machen. Diese wird dafür in der Wunschgröße des Beetes mit der dunklen Seite nach oben auf den Boden gelegt. Sie bleibt dann zwischen 6–12 Monaten darauf. Da die Pflanzen keine überlebenswichtige Fotosynthese betreiben können, sterben Rasen und Beikräuter darunter ab. Broadforken und frischen Kompost ausbringen – fertig!

Zurückschneiden

Sträucher, Hecken, Gehölze, Obstbäume und Herbsthimbeeren kannst du ab Oktober mit der richtigen Technik zurückschneiden. Durch den Rückschnitt ermöglichst du deinen Pflanzen einen kräftigeren Neuaustrieb im kommenden Frühjahr. Auch auf die spätere Blüten- und Fruchtbildung hat dieser Schnitt einen großen Einfluss.

Knoblauch & Steckzwiebeln

September bis Anfang November ist für uns die beste Zeit, um Wintersteckzwiebeln und Herbstknoblauch zu stecken. Die Sorten 'Shakespeare' bei den Zwiebeln und 'Therador', 'Messidor' bei Knoblauch sowie Elefantenknoblauch haben sich bei uns bewährt. Beerntet werden kann dann ab Juni. Achte auf eine ausreichende Nährstoffzugabe, denn Zwiebelgewächse zählen zu den Starkzehrern.

DIE HERBSTERNTE

Anfang September beginnt der meteorologische Herbst. Viele Beete werden jetzt nach und nach abgeräumt und auf den Winter vorbereitet.

Ernte: Gemüse, Saatgut & Co.

Bunt, bunter, am buntesten! Der Herbst ist da und somit auch eine Menge an Gemüse und Obst, welches eingelagert und haltbar gemacht werden möchte. Schon im Sommer ging vieles an Gemüse und Beerenobst ins Lager, doch ab September kommt noch einmal ein richtiger Schwung aus dem Garten in deinen Vorratsraum.

VOLLER ERNTEKORB IM HERBST

Wenn du eine ertragreiche und **resistente Kürbissorte** im Frühjahr gepflanzt und gut gepflegt hast, kannst du dich jetzt über eine üppige Ernte freuen. Beachte, dass Kürbisse gern bei Zimmertemperatur und trocken gelagert werden möchten. Hokkaido-Kürbisse in Orange, Grün und Blau sowie Butternut-, Patisson-, Spaghetti- und Muscat de Provence-Kürbis lassen sich bis in den April / Mai hinein lagern und verzehren.

Vielleicht hattest du in den letzten Wochen / Monaten die ein oder andere **Zucchini** über. Wenn du die letzten Früchte lange an der Pflanze reifen lässt, kannst du diese wie Kürbisse auch einlagern. Warte hierfür, bis der Strunk der Zucchini holzig und fest wird und schneide dann weit oben ab. Dieses Vorgehen gilt ebenso für Kürbisse. Dort schneiden wir aber nicht direkt am Strunk, sondern nehmen einen Teil von der gesamten Pflanze heraus. So verlängern wir noch einmal die Haltbarkeit und die Frucht wird bei der Ernte nicht beschädigt.

Sämtliche **Kartoffelsorten** kommen jetzt aus dem Boden. Ein kühler und frostfreier Keller ist für diese Knollen ideal. Sobald sie aber mit dem Keimen beginnen oder die Schale sich grün färbt, darf man sie nicht mehr verzehren! Bei Lichteinwirkung auf die Knolle produziert diese Chlorophyll, was zu einer grünen Verfärbung führt. Im selben Moment wird auch der giftige Stoff „Solanin" gebildet, daher ist Vorsicht geboten!

Neben Kürbis und Kartoffel sind jetzt auch späte **Zuckermaissorten** wie 'Tramunt' und 'Inca Rainbow' erntebereit. Diese kommen bei uns geschält im Ganzen in den Gefrierschrank und können je nach Bedarf herausgenommen und gekocht oder gegrillt werden – ein richtiger Energiekick voll mit Kohlenhydraten, Ballaststoffen, Vitaminen, Kalium und Magnesium.

Falls du im Sommer noch nicht so viele **Kräuter** geerntet hast oder ernten konntest, ist jetzt an einem warmen Septembertag nochmal Zeit, sich mit der Gartenschere ans Werk zu machen. **Möhren und Rote Bete** können ebenfalls jetzt geerntet und eingesandet werden, so hat man den gesamten Winter noch etwas von seinem Wurzelgemüse.

Du kannst auch deine Möhren und Roten Beten im Beet über den **Winter** stehen lassen. Mulche hier mit einer ca. 10 cm dicken Laubschicht und ernte nach Bedarf.

1

2

1. Die Fenchelsorte 'Fino' ist als samenfestes Saatgut erhältlich.

2. Kosmeen sind einjährig. Wenn du die Blüten stehen lässt, kannst du bereits im Spätsommer Saatgut ernten.

3. Kartoffeln vermehrst du am besten über Saatkartoffeln, wir mögen die Sorte 'Annabelle' sehr gerne.

F1-Saatgut ist nicht samenfest und spaltet sich in der kommenden Generation wieder auf.

WER DIE SAAT HAT, HAT DIE MACHT

Dieses Zitat begleitet mich seit vielen Jahren – und ja, es ergibt Sinn! Wer unser Saatgut kontrolliert, kontrolliert die gesamte Nahrungsmittelkette. Einige Samenbanken mit Tausenden diversen Sorten wurden in den letzten Jahren vermehrt angegriffen und zerbombt, eine Katastrophe für die Artenvielfalt! Auch die Agrarindustrie versucht die Kontrolle über alle Nutzpflanzen auf der Welt zu bestimmen. Die vier größten globalen Saatgutkonzerne auf der Welt kontrollieren über 80 % des Saatgutes auf dem Weltmarkt, dies sind Bayer, Corteva Agriscience, BASF und die Syngenta Group. Sie produzieren nicht nur Saatgut als F1-Hybriden, sondern liefern zu ihrer Samenpalette noch die passenden Düngemittel und Pestizide dazu. Denn ohne die letzten beiden Punkte würde der Samen nicht halb so gut wachsen. Man müsste sich dann eingestehen, dass andere über Jahrhunderte gezüchtete Sorten mit einem Mehraufwand von Hacken und Humusaufbau besser wachsen würden. Doch unsere Felder sind in den letzten Jahrzehnten so stark ausgebeutet worden, dass jedes Jahr weniger Ernte pro Hektar abfällt. Denn nur durch einen gesunden Boden (Seite 24–25) können Pilze, Mikroorganismen und die Wurzeln eine gesunde, kräftige und widerstandsfähige Pflanze hervorbringen. Wenn dies aber nicht vorhanden ist, bleibt als letzter Ausweg vieler Landwirte die Chemiekeule. Natürlich gibt es auch da Normen und Richtwerte, an die sich die Landwirte halten müssen. Dennoch, Gift ist Gift und das sollte man keinesfalls verharmlosen. Zwar wächst die Kulturpflanze heran, aber sie ist stark anfällig für Starkregen, Dürreperioden und Co. Auch der verdichtete Boden kann bei zu viel Regen diesen nicht aufnehmen. Zurück bleibt Getreide, Futtermais und Raps in großen Pfützen oder Wüsten auf den Äckern. Nur noch vier Hauptnahrungspflanzen stehen heutzutage auf den Feldern: Weizen, Mais, Reis und Kartoffeln, und es schrumpft weiter. Über 65 % des in Deutschland angebauten Getreides exportieren wir

3

»Versucht so viel samenfestes Saatgut wie möglich aus eurem eigenen Garten zu ernten. Auch auf Tauschbörsen, welche regelmäßig in den verschiedensten Städten und Dörfern stattfinden, gibt es immer wieder neue Raritäten.«

in andere Länder und kaufen es aus dem Ausland ein. Warum? Weil es kostengünstiger ist. In vielen osteuropäischen Ländern gibt es meist gar keine Dünge- oder Spritzmittelverordnung. Dort kann der Bauer selbst entscheiden, was er auf seine Felder kippt. Daher ist dies für uns in Deutschland günstiger, aus solchen Ländern Nahrungsmittel zu importieren.
Am Ende ist jeder Einkauf, den du tätigst, ein Stimmzettel für die Nahrungsmittelindustrie. Regional und ökologisch einzukaufen bedeutet nicht zwangsweise viel mehr zu bezahlen.

Saatgutretter

Überall auf der Welt kämpfen Gärtner:innen, Bauern und Bäuerinnen darum, selbst entscheiden zu dürfen, wie sie ihr Saatgut anbauen, vermehren und ihr wertvolles Wissen weiterverbreiten können. Alles zum Schutze der Artenvielfalt und Biodiversität. Auch du kannst Teil des großen Ganzen werden. Hier in Deutschland z. B. sucht der VEN (Verein zur Erhaltung der Nutzpflanzenvielfalt) jedes Jahr engagierte Hobbygärtner:innen, welche sich einer Gemüsesorte annehmen, die sie in ihrem Garten säen, pflegen, ernten und dokumentieren. Zu Beginn erhältst du eine bestimmte Anzahl an Samen und am Ende gibt es eine Mindestmenge, welche an den Verein zurückgesendet werden sollte. Den Rest kannst du für dich behalten oder an andere Gartenfreunde weiterverschenken. So machen wir es auch im Dorfgarten. Es ist immer wieder aufs Neue eine Überraschung, wie die Sorten, welche schon lang in Vergessenheit geraten sind, bei einem selbst im Garten gedeihen. Vor allem die alten Bohnensorten kann ich euch ans Herz legen.
Auf Instagram kann man sich jeden Winter aufs Neue für das Saatgut-Tauschpaket anmelden. Dieses Paket wandert dann über mehrere Wochen durch ganz Deutschland. Wenn es bei dir angekommen ist, packst du ein oder mehrere Saatgutpäckchen von deiner Lieblingssorte hinein und kannst dir im Gegenzug etwas herausnehmen. So erhalten viele Hobbygärtner:innen altes Saatgut und durch die Verteilung im gesamten Land erhöht sich die Genetik.

„Sie haben versucht, uns zu begraben. Doch sie vergaßen, dass wir Samen sind."

MEXIKANISCHES SPRICHWORT

EIGENES SAATGUT ERNTEN

Beginnen wir mit der Saatgutproduktion aus dem eigenen Garten. Bevor du anfängst, ist es wichtig zu wissen, dass nicht alle Gemüsearten und -sorten gleichbehandelt werden.
– Manche Pflanzen sind selbstbefruchtend, andere benötigen Bestäuber.
– Du solltest nur gesunde, reife Pflanzen auswählen, um qualitativ hochwertiges Saatgut zu gewinnen.
– Das Saatgut sollte vollständig ausgereift sein, was meist an Farbe, Größe und Härte erkennbar ist.

1

1. Salbeisamen aus dem Samenstand schütteln

2. Dicke Bohne 'Ratio' für die Samengewinnung erst aus richtig trockenen Schoten ernten.

2

Zwiebeln & Lauch

Das Sammeln von Saatgut bei Zwiebelgewächsen ist relativ einfach. Bei Zwiebeln und Lauch bildet sich nach der Blüte eine kleine Fruchtkapsel, die nach der Reife braun und trocken wird. Die Kapseln kannst du vorsichtig entfernen und an einem warmen, trockenen Ort lagern. Achte trotzdem darauf, dass immer nur eine Sorte deiner Zwiebeln im Umkreis von einigen Metern blüht, um eine Einkreuzung zu vermeiden. Möglich ist hierbei auch, einen Organzabeutel über die Blüte zu stülpen. Wichtig ist, dass du nur die Samen von Pflanzen sammelst, die gesund und robust sind, um die Qualität zu sichern.
So gehts: Warte, bis die Fruchtkapseln vollständig braun und trocken sind. Schneide die Samenstände ab und hänge sie kopfüber an einem gut belüfteten Ort auf. Nach einigen Wochen sind die Samen vollständig getrocknet. Entferne die Samen vorsichtig aus den Kapseln, indem du sie zwischen den Fingern reibst oder sie vorsichtig zerdrückst.

Kohlgewächse

Kohlpflanzen sind zweijährig, das heißt, sie benötigen zwei Jahre, um Samen zu produzieren: Im ersten Jahr wächst die Pflanze, im zweiten Jahr bildet sie Blüten und Samen. Auch hier sollte wieder darauf geachtet werden, dass nur eine Kohlart /-sorte in deinem Garten blüht. Wenn du in der Nähe von einem Rapsfeld wohnst, decke am besten gleich von Anfang an deinen Kohl mit einen Insektenschutznetz ab. Um eine Bestäubung zu gewährleisten, kannst du entweder Schwebfliegen mit einem Netz vorsichtig fangen und für die Dauer der Blütezeit unter das Netz mit Kohl lassen oder du bestellst dir Nützlinge online.
So gehts: Die Blüten sind klein und gelb und bilden nach der Bestäubung den Samen. Die Samen reifen in dünnen länglichen Fruchtkapseln, die nach der Reife braun und trocken werden. Schneide die Fruchtstände ab, wenn die Samen vollständig trocken sind.

Wir mögen die Sorte 'Sonnenherz' und vermehren sie selbst jedes Jahr.

Entferne die Samen vorsichtig und lasse sie noch einige Tage an einem warmen, trockenen Ort nachreifen.

Tomate, Paprika ...

Das Saatgut stammt meist aus vollreifen Früchten. Besonders bei Tomaten und Paprika ist die Samenentnahme unkompliziert und beliebt. Für eine 100-prozentige Sicherheit dieselbe Sorte im kommenden Jahr wieder anbauen zu können, packe einen Organzabeutel um deine noch nicht blühende Tomatenrispe. Sobald die Kelchblüten gelb leuchten, nehme den Sack ab und nutze zur Bestäubung eine elektrische Zahnbürste. Diese hat fast die gleichen Schwingungen wie eine Hummel, welche sonst die Blüten befruchten würde.

So gehts: Wähle eine vollreife Frucht, die gesund und frei von Krankheiten ist. Nimm dir ein Glas und fülle es halbvoll mit sauberem Wasser, schneide die Frucht auf und entferne die Samen mit einem Löffel oder den Fingern. Schütte die Samen in das Wasserglas und rühre alles sorgfältig einmal um. Beschrifte einen kleinen Zettel mit der jeweiligen Sorte und lege diesen daneben. Das Saatgut wird jetzt unter zweimal täglichem Umrühren 3–4 Tage fermentiert. Danach gibst du alles durch ein Sieb und spülst die Samen mit Wasser noch einmal ab. Das Fruchtfleisch sollte sich bis dahin vollständig vom Samen gelöst haben. Bei Tomaten ist die Fermentation besonders wichtig, um die Samen keimfähig zu machen und Krankheiten zu vermeiden. Lasse sie auf einem Küchenpapier gut abtrocknen. In einer Papiertüte kühl, dunkel und trocken wartet das Saatgut dann auf das nächste Jahr.

Kürbis, Gurke, Zucchini, Melone ...

Bei den Kürbisgewächsen ziehen wir keine bis kaum Samen selbst, da uns das Risiko einer Einkreuzung einfach zu hoch ist. Vor allem, wenn man diverse Kürbisgewächse im eigenen Garten auf engem Raum anbaut, wie es eben im Market Garden der Fall ist. Hier verweise ich eher auf die Profis, was die Vermehrung von Melonen, Gurken, Kürbissen und Zucchinis angeht.

Das einzige Saatgut, welches wir entnehmen, stammt von der nicht verwandten Inkagurke und der Mexikanischen Minigurke. Diese wachsen bei uns separat in einem Gewächshaus oder Tunnel mit vielen weiteren Pflanzen ihrer Art.

SAATGUT RICHTIG LAGERN

Bewahre die Samen in kleinen, luftdichten Behältern wie Glasgläsern oder Papiertütchen auf.

Lagere sie an einem kühlen, dunklen Ort, um die Keimfähigkeit zu erhalten.

Beschrifte die Behälter mit Sorte und Erntedatum.

1

1. Saftiger Flammkuchen

2. In dünne Scheiben geschnitten, sind Möhren sehr schmackhaft als Belag.

Knackig & gesund

2

MEIN HERBSTREZEPT: BUNTER GEMÜSE-FLAMMKUCHEN

Wenn sich kurzfristig Besuch angemeldet hat und du dein Gemüse gut in Szene setzen möchtest, ist der bunte Gemüse-Flammkuchen eine gute Wahl. Dieser ist schnell gemacht und ist eine abwechslungsreiche Idee zum klassischen Flammkuchen. Die Zutaten sind für 2–3 Personen.

TEIG-ZUTATEN

225 g Dinkelmehl, 1 Prise Salz, 1 Eigelb, 2 EL Olivenöl, 100 ml lauwarmes Wasser

SOSSEN-ZUTATEN

2 EL Tomatenmark, 1 TL cremiger Balsamico, 1 EL Wasser

BELAG-ZUTATEN

Rote Bete, Möhren, Zuckererbsen, Zwiebeln, Oregano, Thymian, getrocknete Tomaten, Mozzarella (optional)

ZUBEREITUNG

1. Wiege und messe alles sorgfältig ab und gebe das Mehl, die Prise Salz, das Eigelb, die 2 EL Olivenöl und die 100 ml lauwarmes Wasser in eine mittelgroße Schüssel und verknete alles sorgfältig mit der Hand. Einfacher und schneller geht dies natürlich mit einer Küchenmaschine.
2. Wenn alle Zutaten zu einem festen aber nicht harten Teig verknetet sind, bemehle deine Arbeitsfläche und rolle den Teig auf die spätere Größe deiner Backunterlage aus. Lege deinen ausgerollten Teig auf deine Backunterlage / Blech.
3. Ofen auf 230 °C Ober- und Unterhitze einstellen.
4. Nun kannst du mit dem Belegen beginnen. Rühre dazu 2 EL Tomatenmark, 1 TL Balsamicoessig und 1 EL Wasser in einer kleinen Schüssel zusammen und streiche alles auf deinen Teig. Beim Belegen kannst du entscheiden, was draufkommt. Schau einfach durch deinen Garten und ernte das, auf was du gerade Appetit hast. Bei den Kräutern sind unsere Favoriten meist Thymian und Griechischer Oregano. Diese fein hacken und auf der Soße verteilen. Dein ausgewähltes Gemüse portionieren und nach Belieben den Flammkuchen damit belegen.
5. Bei uns kommt bei diesem Rezept folgendes Gemüse auf den Belag: Zuckererbsen, Rote Bete, Möhren, Zwiebeln, getrocknete Tomaten. Wer möchte, kann zum Schluss Mozzarella oder eine vegane Alternative ergänzen. Anschließend für 8 Minuten im Ofen backen.

Guten Appetit!

Ernteverlängerung mit Folientunnel & Gewächshaus

Die Verlängerung deiner Ernte ist immer eine tolle Option, sich auch über schwierigere Monate im Winter mit Gemüse selbst versorgen zu können. Dazu braucht es Wissen und Hilfsmittel für den Anbau in der kalten Jahreszeit.

Als ich mit der Markt-Gärtnerei begonnen habe und im August / September ganz selbstverständlich noch aussäte und pflanzte, kamen von einigen Followern auf Insta – aber auch von Menschen, die den Dorfgarten besucht haben, – die Aussagen: „Das wird doch gar nicht mehr reif", oder „Man pflanzt jetzt nicht mehr". Diesen bin ich dann nur begegnet mit: „Kommt gern in 6–8 Wochen vorbei und überzeugt euch selbst." Dieses wichtige Wissen, auch in den kalten Monaten etwas anzubauen, ist so stark durch die dauerhafte Verfügbarkeit in den Supermärkten verloren gegangen. Bis in die 40er-Jahre hinein mussten viele Menschen aufgrund des Zweiten Weltkrieges sich einfach mit Gemüse und Obst selbst versorgen. Es gab gar keine andere Möglichkeit. Wer Hunger hatte, musste anbauen, im Wald sammeln oder mit gärtnernden Nachbarn ein Tauschgeschäft aushandeln oder bezahlen. Um 1950 gab es noch ca. 2 Millionen Bauernhöfe, heute sind es nur noch 255.000 landwirtschaftliche Betriebe. Ein starker Rückgang also. Doch die Flächen sind nicht einfach so verloren gegangen. Bauern und Bäuerinnen in den 50er-Jahren hatten meist noch kleine Felder, welche sie mit Tieren oder ersten Traktoren bewirtschafteten. Die heutigen großen Betriebe sind zwar weniger als damals, doch bewirtschaften sie durch riesige Maschinen und mehr Mitarbeiter größere Flächen, als noch vor 70 Jahren. Dafür verantwortlich ist der technische Fortschritt. Frei nach dem Motto „größer, schneller, höher und weiter". Zudem kann sich Deutschland nur zu einem Drittel mit Obst und Gemüse selbst versorgen, da wir Unmengen an Feldfläche für Getreide, Ölfrüchte und Futtermais für den Export anbauen. Daher müssen wir uns bei anderen Ländern wie Spanien oder den Niederlanden bedienen, und das Gemüse und Obst für die Supermärkte einfliegen oder -fahren lassen. Der Konsument ist bequem geworden und will alles bei einem Einkauf erledigen. Vielleicht ist auf den folgenden Seiten auch das ein oder andere Neue für dich mit dabei, was du unbedingt in diesem Jahr ausprobieren möchtest!

1

1. Frischer Blumenkohl Ende Oktober

2. Paprika aus dem Folientunnel Anfang November

»Wir rasen durch unser Leben, als sei es ein Wettlauf, und vergessen dabei einen der wichtigsten Aspekte: unsere Ernährung. Damit du als Hobbygärtner:in aber für alle Fälle gewappnet bist, möchte ich dir unsere Anbaumethoden und Herangehensweisen für eine verlängerte Ernte in den Wintermonaten erklären.«

2

1

2

1. Mit Blumen lockst du Bestäuber in deinen Gemüsegarten.
2. Asiasalate sind sehr einfach im Anbau.

WELCHES GEMÜSE MAG ICH FÜR DEN WINTER?

Mach dir eine Liste mit Gemüse, welches du im Winter essen und oder in den Beeten haltbar machen möchtest. Wenn du deine Liste fertig hast, schaue dir an, wann die jeweiligen Gemüsearten ausgesät werden müssen, um eine Ernte im Winter zu erreichen. Nimm dir gern die Seiten 18–19 „Was jetzt wo ausgesät wird" zu Hilfe. Da wir ja auf diesen Seiten über eine Verlängerung der Ernte sprechen, ist der Anbau im Gewächshaus oder Folientunnel unabdingbar.

Die „längsten" Wurzeln im Beet

Pastinaken, Schwarz- und Haferwurzeln zählen mit zu den Gemüsen, welche lang im Beet stehen bleiben sollten, bis sie eine erntereife Größe angenommen haben. Dieses Wurzelgemüse säen wir von April bis Juni aus und können es ab Ende September beernten. Natürlich kommt es auch auf die Pflege und Bodenbeschaffenheiten an, wann wir ernten können. In manchen Gegenden in Deutschland kann es schneller oder eben auch langsamer gehen. Bei den drei genannten Wurzelgemüsen würde ich persönlich auf einen Anbau unter Folie / Glas verzichten, da im Sommer im geschützten Anbau die Temperaturen über 50–60 °C gehen können, was für das eigentliche Herbst / Wintergemüse zu warm ist.

Sehr schnelle Wurzeln & Knollen

Radieschen und **Rettiche** haben eine Kulturdauer von 4–6 bzw. 6–8 Wochen. Wähle hier den Aussaatzeitpunkt genau, um noch im Herbst / Winter diese scharfen und leckeren Wurzeln ernten zu können. Auch hier ist der geschützte Anbau empfehlenswert. Die Sorte 'Eiszapfen' ist sogar so frosthart, dass sie bei uns mal einen gesamten Winter im Folientunnel überstanden hat. Ein 10-Meter-Beet mit fünf Reihen Radieschen hat für die Selbstversorgung bis in den März hinein vollkommen ausgereicht. Lediglich mit etwas Stroh oder Laub haben wir das Gemüse vor den Frösten geschützt.

Möhren & Rote Bete

Ein anderes Wurzelgemüse, welches wir lieben, sind die **Möhren**. Je nachdem, wo man in Deutschland wohnt, heißen sie auch Mohrrüben, gelbe Rüben, Wurzeln oder Karotten. Dieses knackige Gemüse muss nicht unbedingt orange sein, es gibt sie auch in Weiß, Gelb, Rot oder Vio-

Säe **Spinat, Feldsalat & Postelein** von Anfang bis Ende Oktober im Gewächshaus oder Folientunnel aus. Die Pflanzen werden dann schon keimen, legen im Winter eine Pause ein und starten ab Februar so richtig durch. Die Ernte ab Ende März ist damit garantiert.

Adam und Josef – unsere Mitarbeiter des Jahres 2025!

lett. Hier starten wir mit der letzten Aussaat für die länglichen Möhren 'Vitella' und 'Rodelika' Ende Juli im Freiland und Mitte August im Tunnel. Bei der runden Sorte 'Pariser Markt', welche nur 60 Tage im Beet benötigt, ist die letzte Aussaat im Freiland Anfang August und im geschützten Anbau Ende August. Auch hier können die Wurzeln im Winter durch eine dicke Schicht Mulch vor starken Frösten geschützt werden und bieten dir bis in den April hinein knackige Möhren, falls du nicht schon alle in den Wintermonaten aufgegessen hast.
Bei der **Roten Bete** kannst du die Aussaat (bis Ende August) und den Schutz der Kultur 1:1 von der Möhre übernehmen.

Was sollte ich bei Kohl beachten?

Letzte Eisenbahn für **Kohlgewächse**, welche dicke und schwere Köpfe bilden, ist die Aussaat bis Mitte Juli. Für kleinere Kohlarten, wie z. B. Pak Choi, Asiasalate und Tatsoi, ist dies bis in den September hinein möglich. Durch den Anbau im Tunnel können wir aber den Kohlköpfen, welche es vielleicht noch nicht ganz geschafft haben voll auszureifen, noch ein wenig Zeit geben. Durch den Sommer ist die Erde unter Glas oder Folie noch gut aufgewärmt und die Außentemperaturen unterscheiden sich ab Oktober deutlich von denen im Tunnel. Zudem muss man nicht auf einmal alles vor dem ersten leichten Frost im November beernten. Kohl kann ein wenig Kälte gut ab, da er selbst Frostschutzmittel produziert. Wenn draußen –3 °C herrschen, sind es im Tunnel oder Gewächshaus dann immer noch Plusgrade.

Blattgemüse

Spinat, Feldsalat und **Postelein** mögen es eher kühler. Hier könntest du ab Anfang September mit der Voranzucht in QuickPot-Platten an einem schattigen Ort beginnen. Oder ab Mitte September direkt ins Beet säen. Dieses Gemüse benötigt allerdings nicht zwangsläufig einen Schutz, da es viele Minusgrade aushalten kann.

Wie bekomme ich ein eigenes Hochbeet?

Hochbeete sind nicht nur schön anzusehen, sondern bringen auch enorme Vorteile für das Gärtnern auf kleinem Raum: hohe Erträge, diverse Anbaumethoden, Mischkulturen, Ernteverlängerung und -verfrühung sowie Humusaufbau – all das kannst du mit einem Hochbeet in deinem Garten realisieren.

1

Wer schon einmal auf meinem Instagram-Account unterwegs war weiß, wie wichtig uns im Hausgarten unsere Hochbeete sind. Mit ihnen begann und wuchs der Dorfgarten in der Anfangsphase. In 2025 stehen neben weiteren Bodenbeeten, 11 Hochbeete mit einer Gesamtanbaufläche von ca. 25 m² im Garten am Wohnhaus. Diese Beete beliefern uns das gesamte Jahr über mit frischem Gemüse. Wir als dreiköpfige Familie versorgen uns mit dieser Fläche zu fast 100 Prozent selbst und darüber hinaus erhalten noch zwei weitere Familien regelmäßig gesundes Grün aus genau diesen Beeten. Durch die genaue Planung im Winter und wechselnden Fruchtfolgen sowie speziellen Anbaumethoden ist dies möglich.
Ich sehe sehr oft Hochbeete in anderen Gärten stehen, wo nach dem 15.05. (Eisheilige) einmalig gepflanzt wird und dann alles unberührt stehen bleibt, bis die Tomaten an Kraut- und Braunfäule verwelken. Meistens ist es einfach Unwissen, manchmal vielleicht auch nur Desinteresse oder „jeder hat ja heutzutage ein Hochbeet, dann bauen wir eben auch eins". Dies ist aber definitiv nicht der Anspruch, den wir hier verfolgen, denn gärtnern mit Hochbeeten soll Spaß machen, die Arbeit erleichtern und Erfolge bringen, sodass man es kaum abwarten kann, am nächsten Tag weiter in der Erde zu wühlen.

WIE VIELE HOCHBEETE BRAUCHE ICH?

Zum Start deiner Hochbeetkarriere würde ich dir zwei Hochbeete mit den Maßen 2,50 m Länge × 1,25 m Breite × 1 m Höhe empfehlen. Zwei Beete kann man zu Beginn gut bewerkstelligen und hat schnell Erfolg. Außerdem erschlägt einen die Arbeit nicht sofort und Material zum Befüllen muss ja auch noch gefunden bzw. besorgt werden.

MATERIAL PRO BEET

Das Material bekommst du einerseits aus dem Baumarkt – wähle hier gleich die passenden Latten mit 2,50 m Länge und 14,7 cm Höhe aus, meistens sind sie 2,5 cm stark.
Pro Beet benötigst du dann 16 Latten. Mit den heutigen Holzpreisen eine schon etwas höhere Ausgabe, aber bei guter Pflege hält es

Je **stabiler** dein Hochbeet gebaut wird, desto länger hast du Freude daran.

Sei nicht so hart zu dir selbst, wenn in den ersten 2 Jahren nicht alles perfekt läuft. Ein Garten ist zum **Lernen** da und steht niemals still – stetige Veränderung ist hier ein passendes Wort.

sich über 10 Jahre. Außerdem brauchst du sechs Kanthölzer, welche jeweils 1 m hoch und 9 × 9 cm stark sind, sechs Gehwegplatten 30 × 30 cm sowie Schrauben, 7,5 m² Teichfolie, eine 1,20 m lange Flachstange, zwei Schrauben, Metallbohrer, eine Handheftpistole mit Nadeln, 3 m² Hasendraht und 7,5 m Länge an Abschlussbrettern für oben drauf. Natürlich kann man auch aus altem aussortiertem Holz oder Blech ein Hochbeet erbauen. Wer sich hier etwas Eigenes ausdenken möchte – nur zu! Der Kreativität sind keine Grenzen gesetzt. Suche dir hier lieber eine zweite Person, das erleichtert nicht nur manche komplizierten Handgriffe, sondern macht auch mehr Spaß im Team.

DER IDEALE STANDORT

Schaue dir vor dem Start deines ersten eigenen Hochbeetes deinen Garten genau an. Wo sind die Himmelsrichtungen? Wie verläuft die Sonne? Wo ist der wärmste Punkt am Morgen in deinem Garten? All das sind Fragen, welche vorher geklärt sein sollten, um den optimalsten Platz auszuwählen. Bei uns stehen alle Beete quer in Richtung Süden. Dort wo am Morgen die ersten Sonnenstrahlen auftreffen, genau da haben wir auch unser erstes Hochbeet erbaut. Man denkt es zuerst gar nicht, aber es macht einen riesengroßen Unterschied, wo im Garten das Beet steht! Da wir auch immer gerne diverse Tests im Garten durchführen, haben wir in einem Jahr zwei identische Beete bepflanzt. Eines stand bis früh um 10 Uhr im Schatten, das andere erhielt ab 7 Uhr volle Sonne. Ein Ernteunterschied von über 3 Wochen war am Ende das Ergebnis, und seitdem bepflanzen wir im Frühjahr die ersten Hochbeete immer auf der Sonnenseite des Gartens.

2

1. Durchdachte Vorarbeit und Planung ist die halbe Miete.
2. Gesunde Jungpflanzen sind ein Muss!

HOCHBEET BAUEN

Schritt für Schritt

1. Standortauswahl und Bodenbeschaffenheit sind die ersten Schritte für den Aufbau deines Hochbeets. Die Bodenfläche sollte eben und waagerecht sein. An die vier Ecken sowie die Mitte der langen Seiten werden Gehwegplatten o. Ä. gesetzt (30 × 30 cm), ggf. mit Splitt oder Sand die Unebenheiten ausgleichen. Arbeite hierfür mit einer Wasserwaage, im Notfall kann auch die Wasserwaage deines Smartphones weiterhelfen. Schneide dir die Latten in der gewünschten Länge zu. Entgrate die Schnittkanten.

2. Lege dir die ersten zwei Kanthölzer der kurzen Seite flach auf den Boden. Verteile darauf die 1,25 m langen Dielen in regelmäßigem Abstand. Kantholz und Diele schließen bündig ab sowie die letzte Diele am oberen Ende. Nutze zwei Schrauben je Seite der Diele und achte auf einen rechten Winkel. Wiederhole Schritt 1 für die zweite kurze Seite. Bringe nun die langen Dielen und deine vorbereiteten Seitenwände zum Bauplatz.

3. Richte die kurzen Seitenteile auf. Eine zweite Person ist mindestens ab diesem Arbeitsschritt eine gute Idee. Verschraube sie mit Hilfe der ersten langen Diele. Beginne oben. Gestalte die Ecken bündig. Nun fahre mit allen langen Dielen weiter fort bis insgesamt pro langer Seite fünf Stück mit geringem Abstand verschraubt sind. Jeweils mittig der langen Seite befestigen wir die zwei verbliebenen Kanthölzer. Öffne nun die Rolle mit Kaninchendraht. Weiter geht es in Schritt 4.

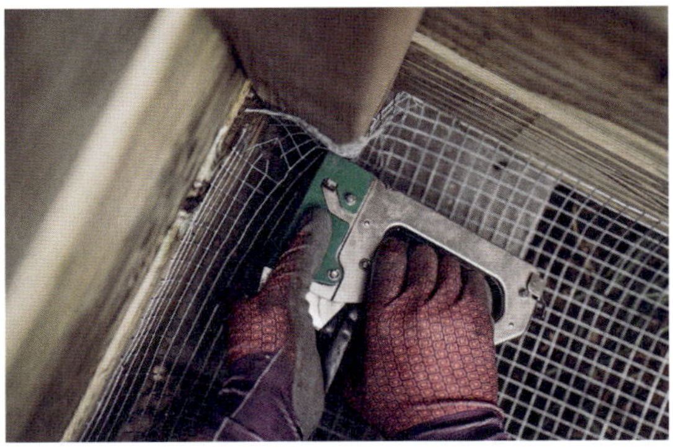

4. Schneide dir mit einer Drahtschere das Drahtgitter in passende Stücke. Lege es im Boden des Hochbeetes aus und tackere mit der Handheftpistole im Abstand von 10 cm in die unterste Diele. Schneide die Teichfolie in ein oder zwei Stücke zu und tackere diese ebenfalls an die oberste Diele des Beetes. Achte dabei darauf, dass die Ecken sauber gefaltet sind. Die Folie sollte nicht den Boden ausfüllen, sondern mit der untersten Diele abschließen.

5. Bohre an beiden Enden der Flachstange ein Loch. Platziere sie mittig zwischen den Kanthölzern. So hält dein Hochbeet dem Druck der Erde besser stand. Schneide die Abschlussleisten passend zu und befestige diese oben auf der Abschlussdiele. Je nach verwendeter Holzart, ob imprägniert oder nicht, kannst du jetzt noch Holzschutzlasur auftragen.

6. Jetzt im Herbst oder Frühjahr ist ein guter Zeitpunkt für den Hochbeetbau, denn du findest genügend Material, um dies zu befüllen. Schaue durch deinen Garten. Was muss und sollte verschnitten werden? Gibt es noch neues oder altes Laub, Einstreu von Tieren oder Rasenschnitt? Wartet noch ein alter Kompost auf seine Verwendung? Und ist genügend neuer Kompost für die oberste Schicht gesiebt? Denn all dies benötigst du zum Füllen deines neuen Beetes!

7. Ein Hochbeet zu befüllen ist wie einen Kuchen zu backen – nur in ganz groß. Die unterste Schicht bilden Holzreste, morsche Baumstämme, Äste, Heckenabschnitte und gern auch lange Tomatenpflanzen oder Kohlstrunke, welche schwer zu kompostieren sind (ca. 30 cm). Danach kommen Heu, Stroh, Laub, Rasenschnitt oder Einstreu darüber, falls du Tiere wie Hasen, Hühner oder Meerschweinchen hast (ca. 25 cm). Alte Erde aus Töpfen oder ein schon lang ausgedienter Komposthaufen dürfen als Nächstes folgen (ca. 20 cm). Als Vorletztes kommt eine dicke Fuhre ungesiebter Kompost, voll mit Mikroorganismen und Regenwürmern (ca. 20 cm). Und zu guter Letzt fein gesiebter Kompost, in dem die ersten Pflanzungen und Aussaaten so richtig Spaß machen! Wundere dich nicht, wenn in den ersten 2 Jahren dein Beet ein wenig absackt, denn die untersten Schichten verrotten nach und nach. Gebe einfach eine frische Runde gesiebten Komposts darauf.

8. Fertiges Hochbeet im Herbst.

1

2

1. Im Herbst kannst du Kohlarten neu pflanzen.

2. Und dich an herbstlich buntgemischten Hochbeeten erfreuen.

HOCHBEET IM JAHRESVERLAUF: WAS TUN IM HERBST?

Der Herbst ist da und so zeigen sich die ersten Lücken im Beet. Tomaten bekommen langsam die übliche Pilzerkrankung, die Kraut- und Braunfäule. Paprika, Auberginen und Chilis hängen zwar noch an den Pflanzen, aber im Freiland reifen diese nur noch langsam ab. Und auch Salate sind langsam leer geerntet.
Vielleicht kannst du ja auch andere Hobbygärtner und oder Nachbarn überzeugen, im September nicht mit dem Gärtnern aufzuhören und die Beete winterfest zu gestalten.

September: letzte Pflanzungen & Direktsaaten

In diesem Monat hast du noch einmal die Chance, **Jungpflanzen**, welche du Anfang August ausgesät hast, zu pflanzen: Mangold, Rote Bete, Kopfsalat, Rucola, Hirschhornwegerich, Dill, Lauchzwiebeln, Pak Choi, Tatsoi, Chinakohl, Blattkohl, Postelein, Feldsalat und Spinat wären mit in der Liste. Auch **Direktsaaten** ins Beet für das kommende Jahr wie Radieschen, Lauchzwiebeln Feldsalat und Postelein, sind jetzt noch machbar. Falls der erste Frost sich doch schon einmal im Oktober ankündigen sollte, decke vorsichtshalber dein Hochbeet wieder mit einem Frostschutzvlies ab. Du hast es sicherlich nachdem Frühjahr gut aufgeräumt, sodass du es schnell wiederfinden wirst.

Mein Vorschlag für eine Herbst-/ Winterbepflanzung

Wenn du jetzt im Herbst ein Hochbeet komplett frei zur Verfügung hast, da vieles schon verwertet wurde, so kannst du dir ein volles Winterhochbeet bestellen.
Schaue noch einmal in deine Samenbox, welche hoffentlich das ganze Jahr gut genutzt und immer kühl, dunkel und trocken gelagert wurde. Teile dein Beet in drei Teile ein. Bei einer Gesamtfläche von ca. 3 m^2 (siehe Seite 102–103) hast du somit 1 m^2 Fläche pro Gemüsekultur.
Spinat liebt es, geordnet zu wachsen. Ziehe dir hier 1–2 cm tiefe Rillen mit einem Abstand von 10 cm. Streusel die Samen gern etwas enger hinein, später kannst du bei zu dichtem Wuchs immer noch ausdünnen. Fest andrücken und gut angießen. Nach 1–2 Wochen zeigen sich erste Keimlinge.

Beim **Feldsalat** und **Postelein** sieht es etwas anders aus. Diese mögen es, wenn ein wenig Licht auf das Samenkorn fällt. Sie sind Lichtkeimer und benötigen den Reiz durch die Sonne, um loszukeimen. Streusel die Samen breitwürfig auf dein abgestecktes Beet, mit einem Rechen kannst du alles leicht einharken und andrücken. Auch hier heißt es wieder: angießen und 2–3 Wochen warten.

Was ist los im Herbst in meinem Hochbeet?

Schau dir dein Beet wieder ganz genau an. Wo stand welche Kultur? Was darf ich nachpflanzen und wo sollte ich eine Pause einhalten? Hat sich eine Krankheit in einem Jahr extrem auf deinem Beet ausgebreitet, würde ich persönlich mindestens 4 Jahre in diesem Beet kein Gemüse aus der gleichen Pflanzenfamilie mehr anbauen. Unterstütze in diesen Jahren mit Kompost, EMs, Urgesteinsmehl und Jauchen deinen Boden, damit dieser wieder kräftig und widerstandsfähig gegenüber Pilzen und Krankheiten wird. **Erdflöhe**, welche dir das eine Jahr vielleicht deine gesamte Kohlernte vernichtet haben, werden definitiv im kommenden Jahr wiederkommen. Sie legen im August den letzten Schwung ihrer Eier ab. Man denkt sich dann „ach toll, jetzt sind sie weg", doch im nächsten Jahr beginnt es von vorn. Die Eier, welche seit dem letzten Sommer auf ihr Erwachen gewartet haben, schlüpfen im April / Mai und deine Kohlpflanzen müssen dann wieder dagegen ankämpfen. Wenn du aber mehrere Jahre keinen Kohl auf dieser befallenen Stelle anbaust, verhungern die jungen Käfer oder siedeln sich durch ihre Fortbewegung im Sprung woanders an. Jetzt denkst du dir bestimmt: „Naja, was bringt mir der ganze Aufwand, wenn sie so oder so auf das nächste Kohlbeet hüpfen?" Ganz einfach, du hast dann die Chance, gleich ab März / April ein **Kulturschutznetz** über dein neues Beet zu spannen. Die Käfer sind dann zwar da, aber sitzen außerhalb der Netze.

Durch die **Aussaat** Anfang / Mitte September haben deine Gemüsejungpflanzen noch genügend Zeit sich zu entwickeln und kräftig ihren Platz im Beet einzunehmen. So kannst du den gesamten Winter davon zehren.

Viel Blatt- und Knollengemüse zeigt sich im Herbst in deinem Hochbeet.

Einen Kompost anlegen

Kompost ist ein wichtiger, wenn nicht sogar der wichtigste Bestandteil in einem in sich funktionierenden Ökosystem und Garten. Ohne ihn bleibt der Boden karg und unfruchtbar. Das wird sich aber auf den kommenden Seiten ändern. Du hast noch keinen Kompost? Dann jetzt aber los!

Schon als kleines Kind wurde mir von meinen Urgroßeltern beigebracht, dass Kompost sehr wichtig für sie und ihr Gemüse ist. Er wurde wie ein Heiligtum behandelt: „Lucia, die Gemüseabfälle kommen nach ganz hinten in den letzten Komposter" oder „heute ist es mal wieder an der Zeit, alles gut zu durchmischen und zu bewässern". Diese Ecke im Garten meiner Urgroßeltern war für mich wie ein anderer Ort. Dunkel, eher kühl und eingekreist von einem alten Pfirsichbaum.

Einmal im Jahr haben wir den Kompost dann durch ein grobes Sieb geworfen. Alles, was zu groß war, kam wieder auf den hintersten Komposter und der Rest durfte in Eimern zu den Beeten getragen werden. Meine Oma liebte ihre Staudenbeete über alles. Regelmäßig haben Opa und Oma den begrenzten Kompost, den sie hatten, ausdiskutiert. Welche Pflanze darf und welche muss in diesem Jahr etwas weniger bekommen? Da merkte ich schnell, wie besonders dieses braune Gärtnergold sein musste und jetzt als Erwachsene weiß ich, wie wichtig diese humusreiche Erde für unseren Garten, aber auch für uns Menschen ist! Es düngt nicht nur die Pflanzen und versorgt diese mit wichtigen Mineralien und Spurenelementen, nein, es erhöht auch das Mikrobiom. In einer Hand Komposterde leben Billionen Lebewesen von Bakterien, Pilzen, Algen und Milben, welche mit dem bloßen Auge gar nicht zu erkennen sind. Über kleine Wirbellose, wie z. B. Asseln, Springschwänze und Würmer, zu Insekten und deren Larven, bis hin zu Igeln, Schlangen oder Blindschleichen, ist alles mit dabei, was ein Kompost an Leben beherbergen kann. Diese Artenvielfalt macht ihn zu einem unverzichtbaren Komponenten im Garten.

»Wusstest du, dass der Wald selbst Kompost herstellt? Durch das Herabfallen der Blätter im Herbst und das Verscheiden von anderen Lebewesen, zersetzt sich alles zu humusreichem Kompost. So baut sich jedes Jahr eine 2 cm hohe Schicht an Erde auf, welche der Baum gleich wieder für sich und seine Mitbewohner nutzen kann.«

WELCHE KOMPOSTSYSTEME EIGNEN SICH?

Es gibt super viele Kompostsysteme und Herangehensweisen. Einige sind wirklich gut, andere weniger. Wovon ich dir auf jeden Fall abraten möchte, ist der klassische Plastik-Komposter aus dem Baumarkt, wo einem auf dem Bild suggeriert wird, dass hier feinste Erde entsteht. Allein der Fakt, dass Mikroorganismen Sauerstoff zum Atmen benötigen, um die „Abfälle“ in Kompost zu verwandeln und dann eine Plastiktonne ohne jegliche Lufteinschlüsse dafür zur Verfügung steht, ist irreführend.
Beginnen wir mit der Auswahl eines guten Komposters – weniger ist hier mehr! Er sollte je nach Gartengröße angepasst werden, bei einem Zwei- bis Dreipersonenhaushalt und einer Gartenfläche von < 600 m^2 reichen 3 × 1 m^3 an Kompost. Wir nehmen für unseren Hausgarten gern die Metall-Komposter (100 × 100 × 80 cm, feuerverzinkt). Diese kosten im Vergleich zu den fancy Plastikmodellen meist nur ein Drittel und halten über viele Jahrzehnte.

WAS IST BEI DER „MISCHUNG“ WICHTIG?

Dein Kompost lebt von Abwechslung! Denke in unstrukturierten Schichten und versuche alles immer etwas einzuarbeiten oder flach zu verteilen. Würdest du einen dicken Grashaufen in die Mitte deines Kompostes platzieren, finge dieser nach 3 Tagen zu stinken an. Alles nur noch Matsch und faulig. Damit dies nicht passiert, wird gemischt. Falls du schon einen fertigen Kompost voll mit Leben in deinem Garten hast, kannst du den Prozess im neuen mit einer Gabe Erde des fertigen Komposts anstupsen. Nimm dazu ein bis zwei volle Schaufeln oder einen 5-L-Eimer mit Humus und verteile diesen in deinem neuen Vielfalts-Domizil.

Frisch gesiebter Kompost nach einem Jahr

WAS DARF IN DEINEN KOMPOST?

Kaffee- und Teesatz, zerkleinerte Eierschalen, Rasenschnitt, Heu, Stroh, Sägespäne, Grünschnitt, Schnittblumen, Gemüseabfälle, Beikräuter und Holzasche.

DAS DARF NICHT IN DEINEN KOMPOST!

Gekochte und gebratene Essensreste, Knochen- und Fleischreste, beschichtetes Papier und behandeltes Holz, Laub von kranken oder giftigen Bäumen, blühendes Unkraut.

KOMPOST SCHRITT FÜR SCHRITT

8 Schritte im Überblick

1. Mit der richtigen Standortwahl beginnst du deine Reise „eigener Kompost". Ein Platz in deinem Garten, welcher im Halbschatten mit nicht zu starkem Windeinfluss liegt, ist ideal dafür. Der Untergrund darf nicht verschlossen sein, denn Mikroorganismen und Regenwürmer müssen in den Kompost gelangen, um ihre wichtige Arbeit zu beginnen. Kaufe dir einen Kompostbehälter, welcher gut belüftet werden kann, z. B. einen Metall-Komposter, und stelle ihn an der passenden Stelle in Waage auf.

2. Baue dir aus Bewährungsgittermatten, je nach Größe deines späteren Komposts, ein oder bis zu drei Belüftungsrohre. Lege diese dazu flach auf den Boden und rolle sie als Rohr zusammen. Mit starkem Draht oder Kabelbindern kannst du die mehreren Lagen Gitter befestigen. Bei einem Kubikmeter benötigst du ein Rohr, bei $< 2\,m^3$ brauchst du zwei bis drei Rohre. Warum wir das machen? Unsere Mikroorganismen arbeiten schneller, je mehr Sauerstoff an sie und das Material gelangt. Die Rohre ermöglichen uns dies.

3. Starten wir mit den ersten Schichten. Eine davon sollte nicht mehr als 5–10 cm hoch sein, da wir Fäulnis dringendst vermeiden wollen. Stelle dein Drahtrohr in die Mitte des Viereckes. Dies sollte im Inneren immer frei bleiben. Du kannst dir grob merken: Grünes mit Braunem mischen! Grün steht für Gemüse- und Obstabfälle sowie Rasenschnitt (feucht und stickstoffreich). Braun für kohlenstoffreiche Abfälle wie Heu, Stroh und Hackschnitzel. Beide Komponenten sind entscheidend für einen erfolgreichen späteren Kompost.

4. Stelle die Feuchtigkeit sicher! Dein Kompost sollte nicht zu trocken (dann sterben die Mikroorganismen ab), aber auch nicht zu feucht sein. Wenn du eine Handvoll Kompost nimmst und diesen in der Hand zusammenpresst, sollte kein Wasser austreten, aber dennoch die Form sich nicht verändern. Je nachdem, was die Überprüfung dir zeigt, kannst du handeln. Zu trocken bedeutet wässern. Zu feucht heißt ggf. etwas trockenes Material untermischen. Hierbei kann eine Mist- / Heugabel die Arbeit erleichtern.

5. Schichte nun abwechselnd grünes und braunes Material. Achte darauf, dass dein Rohr im Kompost frei bleibt und nicht zugeschüttet wird. Mit bereits reifem fertigem Kompost aus dem letzten Jahr kannst du den Zersetzungsprozess beschleunigen. Mische hierbei einen 5-L-Eimer frischen Komposts gut verteilt in deinen neuen Kompost. Falls du keinen fertigen Kompost hast, kannst du auch wie bei den Anzuchten mit Effektiven Mikroorganismen angießen.

6. Nach einem guten halben Jahr sollte sich dein Kompost bereits mit genügend Material gefüllt haben, und vielleicht siehst du auch im unteren Bereich schon die erste braune Erde. Jetzt ist es an der Zeit, alles noch einmal mit einer Mist- / Heugabel grob zu durchmischen. Wenn du magst, kannst du deinen Haufen mit einer Folie (Teichfolie oder Silofolie) abdecken. So bleibt die Wärme und Feuchtigkeit länger gespeichert und Schädlinge (Nagetiere, Katzen) haben es schwerer, den Kompost zu besiedeln.

7. Wir warten die Reifung ab. Natürlich könnten wir auch alle paar Wochen den Kompost umdrehen und mischen. Doch gehen bei diesem Prozess auch viele wichtige Pilze verloren und haben es schwer, sich wieder zu etablieren. Wir im Dorfgarten fahren mit dieser Methode seit Jahren ganz gut. Durch das Prüfen mit einem langen Thermometer im Kompost können wir immer sehen, wie warm es derzeit ist. Die Mikroorganismen heizen ganz schön ein und im Sommer kommen wir auch meist auf die gewünschten < 60 °C. Bei dieser Temperatur gehen einige Krankheiten, wie z. B. die Kraut- und Braunfäule, Spinnmilben oder Falscher Mehltau, ein. Leider aber eben auch einige nützliche Pilze und Mikroorganismen. Doch der Nutzen und das gute Ergebnis überwiegen.

8. Nach 6–8 Monaten beginnen wir mit dem Sieben. Folie herunter, Spaten in die Hand, Rücken gerade und los geht es! Die fertige feine Erde kannst du danach sofort für deine Beete, Sträucher und Bäume verwenden.

WINTER-GEMÜSE & PLANUNG – VON NOVEMBER BIS JANUAR

Auf einen Blick: Was steht an in den Wintermonaten?

Der November klopft an und dir wird so langsam bewusst, dass das Gemüsejahr sich dem Ende zuneigt. Spinnenweben glitzern in der Morgensonne und kleine Tautropfen haften an ihnen. Abgestorbene Pflanzenreste sortierst du auf deinen Kompost und der Rasenmäher sowie andere Elektrogeräte kommen in den Schuppen.

Ernte von frostempfindlichen Kulturen

Die Wetterveränderungen im Winter sind für unsere Aussaaten von Spinat, Feldsalat, Postelein und Co. aus dem September / Oktober gut zu ertragen. Doch was ist mit Roter Bete, Möhren, Pastinaken, Mangold, Kohlrabi und Fenchel? Bei diesen Gemüsen können wir die Ernte ein wenig durch ein Frostschutzvlies verlängern. Oder wir ernten und machen sie haltbar durch Lagerung. Z. B. Möhren, Pastinaken und Rote Bete können in großen feuchten Sandkisten oder einem Sandkasten eingesandet werden.

Beete säubern

Der November ist ein guter Zeitpunkt, sich die leeren Beete einmal anzusehen. Überall dort, wo keine Gründüngung oder noch Wintergemüse steht, wird gesäubert. Mit der Pendelhacke und einem Rechen geht dies am besten. Danach kannst du eine Silofolie auslegen, so unterdrückst du den Beikrautdruck ab März. Nach dem Abdecken für die ersten Pflanzungen im neuen Jahr solltest du nur noch einmal etwas Kompost daraufgeben und glatt ziehen. Schon ist alles bereit für neues Gemüse.

GEMÜSELISTE

Für eine bessere Übersicht in deinem Garten kannst du eine Liste anfertigen mit allen Gemüsekulturen, welche jetzt noch auf den Beeten stehen. In den kommenden kalten Monaten bist du sicherlich nicht jeden Tag, wie im Sommer, in deinem Garten. Da ist es ganz praktisch zu wissen, was noch im Lager ist und auf den Beeten steht.

Große Vielfalt

Gartengeräte kontrollieren und aufräumen

Deine Gartengeräte haben in diesem Jahr schwer gearbeitet. Zeit, sie ein bisschen zu pflegen. Ast- und Rosenscheren mit einem sauberen Tuch oder Leder von groben Verschmutzungen befreien, neu schleifen und danach ölen. Sämtliche Hacken mit Erdresten ebenfalls mit einer Drahtbürste säubern, ggf. auch schleifen. Holzstiele und Griffe mit Sandpapier wieder glattschleifen und mit einem guten Öl einreiben, z. B. Leinöl. Stelle deine Geräte an einen trocknen Ort, wo sie griffbereit für das kommende Gartenjahr sind. Rasenmäher und Trimmer von alten Grasresten befreien, Schrauben, Knöpfe und Co. kontrollieren. Für Balkenmäher und Rasentraktor ist alle 2 Jahre eine Wartung beim Fachmann sinnvoll.

Neue Gartengeräte

Der Winter ist ebenfalls eine gute Zeit, um sich Gedanken über neue Gartengeräte zu machen. Falls du gerade mit dem Gärtnern begonnen hast, wirst du bestimmt nach dem Lesen dieses Buches noch Wünsche offen haben. Der Spruch „Wer günstig kauft, kauft zweimal" trifft im Gärtnerbereich zu einer hohen Prozentzahl zu.

Aussaaterde

Überlege dir, welche Art der Aussaaterde im kommenden Jahr in deine Anzucht soll. Es gibt diverse Anbieter. Ich empfehle immer eine ohne Torfanteil und chemisch zugesetzte Dünger. Du kannst diese aber auch selbst aus alter Topferde herstellen: sieben, im Ofen auf 70 °C erhitzen und fertig.

Sortenplanung für das kommende Jahr

Wie jeden Winter setze ich mich an die Planung der Gemüsearten und -sorten. Ich differenziere dann zwischen guten Erträgen, gesundem Pflanzenwachstum und dem Erhalt alter Sorten. Natürlich kann man in einem Jahr nicht immer alles aussäen, was man sich eigentlich wünscht, da der Platz begrenzt ist.

Saatgut bestellen

Du hast in diesem Jahr eine neue Lieblingssorte für dich entdeckt und möchtest auch weitere ausprobieren? Grandiose Idee! Dann schaue in den kommenden Wochen online auf diversen Saatgutseiten vorbei. Auch ein Tausch mit anderen Gartenfreunden stärkt das Gemeinschaftsgefühl. Einen Printkatalog gibt es alle 2 Jahre z. B. von Bingenheimer Saatgut. Meine Adress-Empfehlungen findest du bei den Bezugsquellen auf Seite 140.

Winterschutz und Pflege

Dein Gewächshaus und Folientunnel haben dich die gesamte Saison mit ihren positiven Eigenschaften unterstützt. Zeit, sich ein wenig zu revanchieren. Kleinere Risse in der Folie kannst du mit einem speziellen Klebeband reparieren. Meistens wird dies beim Kauf in der Bestellung mit hinzugefügt. Lege das Sonnenschutznetz zusammen und verstaue dies gut. Ein Gewächshaus kann mit einem Hochdruckreiniger vorsichtig gesäubert werden. So gelangt in der kommenden Saison wieder mehr Licht ins Innere. Anzuchtplatten und Töpfe können dort ebenfalls trocken gelagert werden und sind im Frühjahr wieder einsatzbereit.

Fruchtfolge und Mischkultur

Die Mischkultur hat in diesem Jahr nicht geklappt? Kein Problem, jedes neue Jahr gibt uns die Chance, neu anzufangen. Hole deine Anbauliste aus der letzten Saison heraus und überlege dir anhand der Mischkultur- und Fruchtfolge-Infos von Seite 128–139 wie es in deinem Beet weitergehen darf.

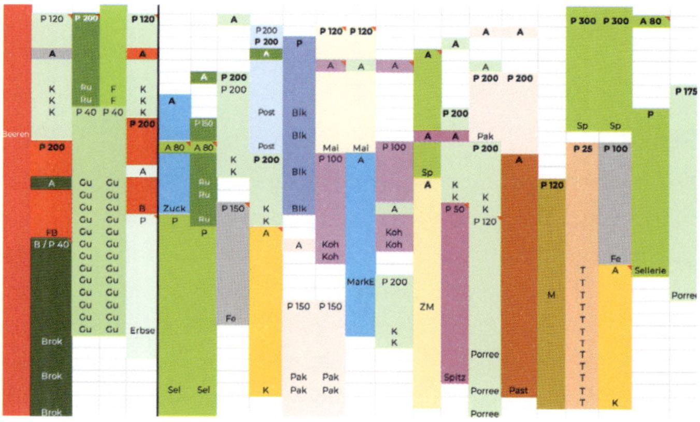

Aussaat- und Anbauplan anfertigen

Wir haben Januar und in deinen Fingern kribbelt es schon sehr? Warte aber noch ein wenig ab! Gestalte dir zunächst deinen persönlichen Aussaat- und Anbauplan für diese Saison. Eine Excel-Tabelle mit Datum, Beetnummer und Gemüsekultur hilft bei der Strukturierung. Tabellenzeilen: Pflanzung im Beet – Jungpflanzenperiode – Aussaatzeitpunkt.

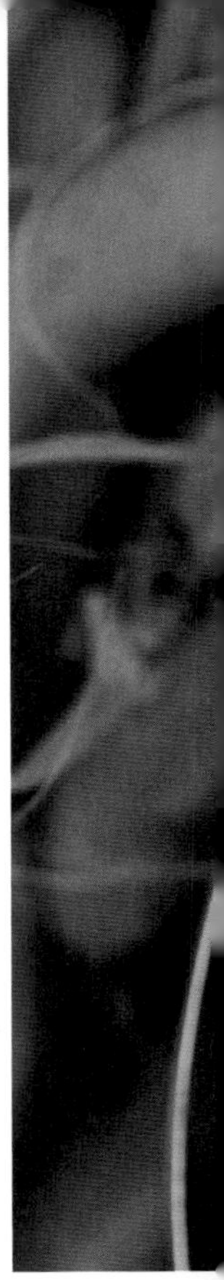

Haltbar machen: die Methoden

Gemüse und Obst haltbar zu machen, ist seit Jahrtausenden eine gängige Methode, auch über die schweren und kalten Monate hinaus sich abwechslungsreich / lebensnotwendig zu ernähren.

EINFRIEREN

Das Einfrieren von Gemüse ist nicht nur schnell erledigt, sondern auch die empfehlenswerteste Form des Haltbarmachens, wenn es darum geht, Vitamine und Nährstoffe im Großteil zu bewahren. Dabei kommt es auch darauf an, wie schnell der Einfriervorgang abläuft. Je schneller, desto besser. Geeignet sind fast alle Gemüsesorten: Erbsen, Möhren, Blumenkohl, Brokkoli, Mais u. v. m. Bei Stangen- und Buschbohnen blanchiert man vor dem Gefrieren für 2–3 Minuten die Hülsen in kochendem Wasser. Dies hilft, die Farbe, den Geschmack und die Textur vor dem Einfrieren zu erhalten. Auch Beeren sind perfekt zum Einfrieren geeignet. Hier bietet es sich an, alle Beeren einzeln auf einem Backblech zu gefrieren und dann in Schraubgläser zu füllen. Generell frieren wir das Meiste in Gläsern ein. Bei Flüssigkeiten lass einfach ein Drittel am oberen Rand Platz, so können sich diese noch ein wenig ausdehnen und das Glas geht nicht kaputt.

EINKOCHEN

Kein Jahr funktioniert ohne das Einkochen unserer geliebten Tomatensoße und frischen Marmeladen aus dem eigenen Garten. Dafür benötigst du sterile Gläser mit Deckeln. Wir nutzen gern Schraubdeckel, da man beim Abkühlen der Füllung das „Ploppen“ gut hört. So weiß man, das alles geklappt hat und lange haltbar ist. Einen großen Topf, einen Trichter, eine Schöpfkelle, einen Rührlöffel und einen Stabmixer brauchst du ebenfalls. All deine Zutaten kommen dann in deinen Topf und es heißt regelmäßig umrühren und ein wenig warten. Nach 15–20 Minuten kannst du deinen Stabmixer nehmen und je nach gewünschter Konsistenz pürieren. Fülle mit einem Trichter alles in saubere Gläser heiß ab und verschraube diese. Für ein langsames Abkühlen legen wir zum Schluss immer noch ein Geschirrhandtuch darüber. Wenn alles Raumtemperatur angenommen hat, können die Gläser verstaut werden.

Dicke Bohnen werden im Juni / Juli von Hand gepult und eingefroren. So haben wir in den kalten Monaten eine gute Komponente für die Küche.

TROCKNEN BZW. DÖRREN

Kräuter werden an einem warmen Sommertag geerntet und im warmen Schatten tagsüber getrocknet. Dafür legen wir die Zweige breit aus oder zupfen die Blätter ab. Nach zwei warmen Tagen ist alles gut durchgetrocknet und kann abgepackt werden. Beim Dörren mit einem Dörrgerät geht es um höhere Temperaturen von 55–70 °C. Hier kann man Äpfel, Birnen, Erdbeeren und z. B. auch Pilze trocknen lassen.

FERMENTIEREN

Ein tolles Tool ist die über 10.000 Jahre alte Haltbarmachkunst des Fermentierens. Sauerkraut, Kimchi, Kefir, Kombucha, Miso, Tempeh, Sojasoße, Sauerteig, alkoholische Getränke u. v. m. sind fermentierte Produkte. Vor allem aus Gemüse kann man interessante und nahrhafte Kreationen herstellen. Das Gemüse wird mit 2-prozentiger Salzlake + Wasser in einem Glas übergossen und für einige Tage bei Raumtemperatur stehen gelassen. Viele tolle Rezepte findest du auf verschiedenen Instagram-Accounts.

Einwecken oder auch Einkochen sind beliebte Haltbarmach-Methoden.

1

2

1. Farbenfrohe Kürbissuppe mit dem gewissen Prickeln

2. Der Kürbis 'Red Kuri' kommt mit in die Powersuppe.

MEINE WINTERREZEPTE: ORANGENE POWERSUPPE

Diese winterliche Powersuppe gibt dir Kraft und stärkt dein Immunsystem.

INFOS

Seit vielen Jahren ist die klassische Kürbissuppe von Oktober bis Februar in unserem Speiseplan mit eingebaut. Je nach Belieben, kann diese ein wenig abgewandelt und mit anderen Zutaten aus dem Garten ergänzt werden. Fakt ist aber, sie ist voll mit wichtigen Nährstoffen, die deinen Körper durch die kalte Jahreszeit tragen.

ZUTATEN FÜR 2 BIS 3 PERSONEN

- 1 große Süßkartoffel
- 1 kleiner oder die Hälfte eines großen Hokkaidos
- Olivenöl für den Topf
- 1 gelbe Zwiebel
- Stück Ingwer (2 cm)
- Stück Kurkuma (2 cm)
- Chiliflocken
- 800 ml Gemüsebrühe
- Schluck Orangensaft
- 200 ml Kokosmilch
- Salz und Pfeffer

ZUBEREITUNG

1. Schäle deine Zwiebel und schneide sie in kleine Würfel.
2. Den Topf auf den Herd stellen und einen kräftigen Schluck Olivenöl hineingeben. Das Öl nicht zu heiß erhitzen. Beim Induktionskochfeld auf <6 stellen und beim Cerankochfeld <8.
3. Während deine Zwiebel glasig dünstet, kannst du die Süßkartoffel schälen und in kleine Stücke schneiden. Auch der Hokkaido-Kürbis kann halbiert und mit einem Esslöffel von Kernen befreit werden. Ebenfalls in 2 cm große Stücke teilen.
4. Sobald die Zwiebeln gut angedünstet sind, kannst du Süßkartoffeln und Kürbis hinzufügen und leicht mit anrösten lassen. Dieser Vorgang dauert ca. 3 Minuten. Umrühren nicht vergessen.
5. In dieser Zeit kannst du deinen frischen Ingwer und Kurkuma fein raspeln. Aufgepasst, Kurkuma färbt intensiv. Bei Bedarf kannst du auch Küchenhandschuhe tragen.
6. Gieße die Gemüsebrühe in deinen Topf und lasse alles aufkochen. Drehe den Herd auf mittlere Stufe herunter, sodass alles nur noch leicht köchelt. Füge den geraspelten Kurkuma und Ingwer sowie ein paar Chiliflocken hinzu. Wenn alles weich ist, schalte den Herd aus und püriere alles mit einem Stabmixer. Jetzt kann der Schluck Orangensaft und 200 ml Kokosmilch hinzugefügt werden. Rühre alles gleichmäßig um und schmecke mit Salz und Pfeffer ab. Je nach Geschmack kannst du noch Brot, Kürbiskerne oder Kürbiskernöl hinzufügen.

Guten Appetit!

1

1. Rotkohl zu fermentieren ist nicht schwer, du brauchst nur wenige Zutaten.

2. Zur Vorbereitung der Kohl fein schneiden oder hobeln.

2

FERMENTIEREN - EIN GLAS PURE WÄRME

Fermentieren ist eine uralte Methode, um Lebensmittel zu konservieren und ihren Geschmack zu verändern.

INFO

Schon vor Tausenden von Jahren - vermutlich zeitgleich in verschiedenen Kulturen - begannen Menschen, Gemüse, Milch oder Getreide durch natürliche Gärprozesse haltbar zu machen. Dabei werden natürliche Mikroorganismen wie Bakterien oder Hefen genutzt, um die Zutaten zu zersetzen und in neue, geschmacklich spannende Produkte zu verwandeln. Ein großer Vorteil des Fermentierens ist die Verbesserung der Nährstoffaufnahme, da viele Vitamine und Mineralstoffe durch die Fermentation besser verfügbar gemacht werden. Zudem stärkt es das Immunsystem und fördert eine gesunde Darmflora. Der Einstieg ins Fermentieren ist einfach. Man braucht nur ein paar Zutaten, ein Glas oder einen Tonkrug und Geduld. Ob Sauerkraut, Kimchi oder selbst gemachter Joghurt - die Möglichkeiten sind vielfältig. Wichtig ist, dass alles gut abgedeckt ist und bei einer konstanten Temperatur fermentiert wird.

REZEPT-ZUTATEN

- Rotkohlkopf
- 2 Chili
- 5 Stängel Koriander
- 1 Apfel
- 10 Pimentkörner
- 2 Lorbeerblätter
- 10 g Himalayasalz o. Ä.
- Etwas Wasser zum Auffüllen

VORBEREITUNG

Rotkohl fein hobeln oder schneiden. Apfel in Streifen schneiden. Chilis der Länge nach halbieren (bei Bedarf entkernen). Die harten Stängel des Korianders entfernen. Gewürze und Salz bereitstellen. Rotkohl in eine Schüssel geben.

SALZEN & KNETEN

Salz zum fein geschnittenen Rotkohl geben und mit den Händen oder einem Holzstampfer gut durchkneten / stampfen, bis Flüssigkeit austritt. Das kann 5–10 Minuten dauern - hier beginnt schon die Magie der Fermentation!

ABFÜLLEN

Alles fest in ein sauberes Glas oder einen Gärtopf drücken. Immer wieder abwechselnd Rotkohl, Apfel, Gewürze, Chili und Koriander schichten. Wichtig: Das Gemüse muss vollständig mit Flüssigkeit bedeckt sein. Falls nötig, mit etwas Wasser auffüllen. Oben beschweren, z. B. mit einem kleinen Beschwerglas oder einem Stück Kohlblatt.

FERMENTIEREN LASSEN

Glas verschließen (nicht luftdicht - Deckel locker auflegen oder ein Gärventil verwenden) und an einen dunklen Ort bei Zimmertemperatur stellen (18–22 °C).

WARTEN

Nach ca. 5–7 Tagen beginnt die Fermentation deutlich. Je nach Temperatur kann dies im Sommer schneller und im Winter langsamer vonstattengehen. Nach 10–14 Tagen kannst du probieren. Wenn es dir schmeckt, ab in den Kühlschrank - dort hält es sich mehrere Monate.

DIE MISCHUNG MACHT'S!

Entdecke alte Sorten neu und stocke dein „Saatgutlager" auf. Wusstest du, dass es weltweit über 10.000 anerkannte Tomatensorten gibt?

Planung fürs nächste Gartenjahr

Du bist gerade in der Anfangsphase einen Gemüsegarten anzulegen oder hast in der letzten Saison schon Erfahrungen sammeln können? Dann solltest du die nächsten Zeilen ein wenig genauer ansehen. Grundstück finden, Bodenvorbereitungen und alles, was dazu gehört.

Wenn die Natur um dich herum ruht, ist der Winter die perfekte Jahreszeit, um sich mit neuen Ideen auseinanderzusetzen. Von Frühjahr bis Herbst bleibt kaum Raum für solche Überlegungen, daher nutze deine wertvolle Zeit von Dezember bis Januar. Bevor du dir Gedanken um die Gestaltung und Pflanzung machst, müssen einige Aspekte geklärt werden.

1. Um einen Garten zu beginnen, braucht es erst einmal ein geeignetes Grundstück. Natürlich kann man auch im etwas steileren Gefälle gärtnern, aber eine ebenmäßige Fläche wäre optimal. Ist dies gefunden, geht es weiter mit dem zweiten Schritt.

2. Ein Blick in die Gesetzgebung ist sinnvoll, vor allem, wenn Nachbarschaften vorhanden sind. Hier gibt es Regelungen nach Bebauungsplan oder Nachbarschaftsgesetze wie Zaunhöhe (Nähe vom Baum zum Nachbargrundstück usw.). Auch diverse Leitungen von Wasser, Strom und Gas können sich unter deinem neuen Gartengrundstück verbergen. Informiere dich deshalb vorher über die wichtigsten Punkte rund um deinen neuen Garten.

3. Zeichne dir gern einen maßstabsgetreuen Plan auf. Bestehende Hütten, Gewächshaus oder große Bäume kannst du hier schon eintragen und dann genau sehen, wie viel Platz dir noch für etwaige andere Beete und Co. bleibt.

4. Erstelle dir eine Wunschliste, was du in den kommenden Monaten und Jahren errichten möchtest.

5. Ziehe eine Bodenprobe in deinen Beeten und sende diese ein oder teste selbst. Diverse Kits sind im Fachhandel erhältlich.

6. Kompost anlegen ist eine der wichtigsten ersten To-dos. Nutze hier die Seiten 22–25 für die Bodenpflege.

7. Die richtigen Werkzeuge machen den Unterschied. Baue dir nach und nach deine Beete auf und schaue was für dich praktikabel und funktional erscheint.

8. Kannst du Regenwasser auffangen und speichern, vielleicht durch das Dach der Gartenhütte? Wenn ja, schaffe dir noch eine weitere Regentonne oder gleich eine 1.000-L-Zisterne an.

Heute schon an Morgen denken und einen Ernte- und Anbauplan für die kommende Saison anfertigen.

NEUES GEMÜSE: WELCHES WILL ICH, WIE VIEL BRAUCHE ICH?

Es ist Ende des Jahres und du ziehst dein Resümee über das Gartenjahr. Was hat dir besonders viel Freude gemacht? Worauf bist du besonders stolz? An welchen Momenten bist du gewachsen? Was waren deine Herausforderungen? Und wo sahst du kein Ende? All das sind Fragen, welche du dir am Ende jeder Saison stellen kannst. Gehe ehrlich daran und überlege dir, ob du im kommenden Jahr etwas verändern oder genauso weiterarbeiten kannst. Eine weitere wichtige Frage an dich selbst und deinen Garten ist: Was für Gemüse möchtest du im neuen Jahr anbauen? Wie viel davon und was benötige ich wirklich, um mich versorgen zu können? Es geht ja nicht darum, sich komplett zu 100 Prozent selbst zu versorgen. Meistens wird diese Aussage falsch aufgenommen und betrachtet. Es geht lediglich darum, das Bestmögliche, was man für sich beim Gemüsebau erreichen möchte, zu versuchen. Allein schon, wenn du dich jede Woche mit Salat von April bis Oktober versorgen kannst, ist dies deine Selbstversorgung mit Salat. Und das ist toll und du kannst stolz auf dich sein – nicht viele Menschen schaffen das.

Einen Plan haben

Einen Plan für die kommende Saison anzufertigen, ist jetzt ebenfalls eine gute Gelegenheit, Aussaaten und Pflanzungen, welche nicht gut funktioniert haben, zu überarbeiten. Was möchte ich Neues ausprobieren? Wofür brennt mein Gärtnerherz? Über das gesamte Jahr hat man sich immer wieder kleine Notizen gemacht und jetzt ist es an der Zeit, dies auf Papier zu bringen. Eine Liste ist hilfreich, um zu erkennen, wie viel Gemüse du von welcher Sorte über das gesamte Jahr verteilt benötigst.

Wie viel Platz brauche ich?

Nimm dir die Seiten 18–19 „Was jetzt, wo ausgesät wird“ zur Hand und starte mit dem Rechnen. Auf einen Quadratmeter Beetfläche passen je nach Sorte 25 Schnittsalate oder 15 Kopfsalate. So kannst du dir nach und nach eine gute Übersicht verschaffen, wie viel du im Endeffekt für dich benötigst und wie viel Fläche du einplanen musst. Pflanzabstände findest du meistens auf der Saatgutpackung oder online. Diese sind ein guter Anhaltspunkt. Nach einiger Zeit hast du aber auch deine ganz eigenen Abstände herausgefunden, mit denen es sich gut arbeiten lässt.

Besonderes Gemüse: Die Blumenkohlsorte 'Di Sicilia violetto'

SAATGUT KAUFEN: WORAUF MUSS ICH ACHTEN?

Eines der intensivsten Themen der heutigen Zeit in der Landwirtschaft: das Saatgut. Wie schon auf den Seiten 90–91 beschrieben, ist es ein komplexes Thema. Jetzt wollen wir uns aber auf den Saatgutkauf konzentrieren!
Wo sind meine Anlaufstellen? Wem kann ich vertrauen? Und auf was sollte ich achten? Beginnen wir bei der ersten Frage: Saatgut findest du heutzutage überall. Ob im Baumarkt, beim Bioladen, in der Gärtnerei oder als Goodie beim Einkauf. Wenn man sich mit dem Thema nicht wirklich auseinandersetzt und sich denkt, Saatgut ist Saatgut, liegt man oft komplett falsch. Dass es F1- und samenfestes Saatgut gibt, weißt du ja jetzt schon und dass du dich eher für die zweite Variante beim Kauf entscheiden solltest.

Bestelle am Anfang lieber mehrere Sorten **in kleinen Packungen** als von einer Sorte zu viel.

Samenfestes Saatgut

Doch auch beim samenfesten Saatgut gibt es große Unterschiede. Du kannst ein und dieselbe Sorte von zwei Vermehrern besitzen und dennoch könnten diese z. B. unterschiedliche Wachstumseigenschaften aufzeigen. Warum passiert das? Nun ja, nehmen wir an, Vermehrer A pflegt die Pflanze genauso, wie sie es benötigt, gibt ihr frischen Kompost, schneidet kranke Blätter ab, wässert pflanzentypisch und unterhält sich regelmäßig mit ihr. Vermehrer B hingegen kümmert sich nur wenig um seine Pflanze der selben Sorte, gießen vergisst er regelmäßig und gibt ihr dann zu viel auf einmal, kranke Blätter lässt er aus Zeitmangel dran und statt frischem Kompost gibt es nur Dung. Wo würdest du lieber wachsen, gedeihen und kräftige Samen ausbilden wollen? Je besser wir unsere Pflanzen behandeln, desto gesünder und aktiver sind am Ende auch die Samen, welche wir entnehmen können. Alles gespeichert im Genmaterial des Samens. Jahr für Jahr passen sich die Gene besser an deinen Garten und das Bodenleben an. Nach einiger Zeit hast du eine so resistente Sorte in deinem Garten gezogen, dass sie auch viele Rückschläge in Form von Wetterschwankungen gut ertragen kann.

Die Vielfalt machts! Je höher die **Sortenvielfalt** in deinem Saatgutarchiv und später im Garten ist, desto mehr unterschiedliche Nährstoffe und Mikroben nimmst du in dir auf. Diese Vielfalt hält dich gesund und macht deinen Körper widerstandsfähig.

Wo kaufen wir unser Saatgut?

Im Serviceteil des Buches auf Seite 140 habe ich dir meine Bezugsquellen zusammengestellt. Grundsätzlich solltest du Saatgut nur bei seriösen Züchtern, Vereinen und Firmen kaufen. Schaue dir dazu den Internetauftritt genau an oder besuche, wenn möglich, Veranstaltungen, wo es genau darum geht. Wie wird mit dem Saatgut umgegangen? Unter welchen Bedingungen wird es produziert? Und wie wird es gelagert? Das sind gute Fragen, welche du dem Züchter stellen könntest. Versuche, regional einzukaufen und setze mehr auf kleine Betriebe oder Einzelpersonen. Ich weiß, diese zu finden, ist schwer! Deshalb gibt es von mir im Anhang auch diese kleine Auflistung für dich, wo du passionierte Züchter und Züchterinnen bei ihrer wertvollen Arbeit unterstützen kannst. Achte beim Saatgutkauf außerdem darauf, dass es aus ökologischer Produktion stammt. Meist sind diese Pflanzen robuster und keimen zuverlässiger.

Haltbarkeit

Auf der Rückseite der Saatgutverpackung muss immer die Angabe stehen, wie lang dein Saatgut haltbar bzw. bis wann es ausgesät werden sollte. Vor allem bei Chili, Paprika und Petersilie sinkt die Keimrate nach dem ersten Jahr rapide ab. Sobald du dein Saatgut kaufst oder per Post nach Hause geliefert bekommst, stelle sicher, dass es zügig an einen dunklen, kühlen und trockenen Ort kommt. Wenn bei einem deiner Käufe oder Bestellungen mal ein Fehler aufgetreten ist oder das Saatgut kaputt oder fehlerhaft bei dir ankommt, sind die meisten Händler sehr kulant und hilfsbereit.

Tomaten-Fakt

Kein Gemüse wird so sehr in den Vordergrund gerückt wie die Tomate. Es gibt sie als Busch-, Stab-, Cherry-, Fleisch-, Salat-, Kirsch-, Roma- oder Wildtomate und noch einige andere mehr. Da sie bei Konsumenten so gefragt ist, wird leider auch sehr an ihrer Genetik geforscht. Schnelleres Wachstum, lange Lagerfähigkeit, tolles Aussehen. Doch dabei geht der eigentlich wichtigste Aspekt verloren: alte geschmackvolle Sorten voller Vitamine und Nährstoffe, die jegliche Supermarktsorten in den Schatten stellen. Im Dorfgarten haben in den letzten 10 Jahren über 100 Tomatensorten ihr Zuhause gefunden, immer wieder werden neue alte Sorten oder moderne samenfeste Züchtungen getestet. Es lohnt sich, über den Tellerrand zu sehen und sich selbst an den Anbau zu wagen!

Dank einer reichen Ernte kann man sich und seine Familie wertvoll ernähren und somit ein Stück unabhängig werden.

MISCHKULTUR

Mischkultur ist eine Anbaustrategie, bei der in einem Beet verschiedene Pflanzenarten gemeinsam wachsen. Wenn dies Hand in Hand oder besser gesagt Wurzel in Wurzel funktioniert, lassen sich höhere Erträge erzielen und ein robusteres Pflanzenwachstum entwickelt sich – zwei Komponenten für einen gesunden und ertragreichen Garten. Durch eine gemeinsame Pflanzung lassen sich Krankheiten verringern und sogar der Geschmack von diversen Früchten verbessern. Unsere Gemüsepflanzen beeinflussen sich auf unterschiedlichsten Wegen untereinander. Wir sehen dies nicht, aber sie kommunizieren über ihre Wurzeln und ausgeschiedene Duftstoffe. So kann eine Pflanze der anderen erzählen, was sie gerade in einem bestimmten Moment benötigt und wie es ihr geht.

Weniger Schädlinge & Krankheiten

In Mischkulturen haben es Schädlinge viel schwerer sich auszubreiten, denn durch die vielen wechselnden Gerüche in einem Beet können sie sich schlechter orientieren und gelangen dann kaum an ihre Lieblingspflanze. Außerdem können sich Krankheiten nicht so gut aus- und verbreiten, wenn du Pflanzen aus unterschiedlichen Pflanzenfamilien anbaust (siehe Seite 130–131).

Gesunder Boden

Ein weiteres Pro auf der Liste ist die Gesunderhaltung des Gartenbodens. Die verschiedenen Pflanzen bieten in ihrer Mischung durch große Blätter Schatten, z. B. bei Kürbissen, und halten auch Starkregen sanft für den Boden zurück. Bohnensorten bilden Knöllchenbakterien, welche im Boden verweilen und diesen mit natürlichem Stickstoff

1. Tagetes helfen, Drahtwürmer von Salaten fernzuhalten.

2. Löwenmäulchen sind ein wertvoller Hummelsnack.

Für gesunden Boden

1

2

aus der Atmosphäre anreichern. Und Kartoffeln, Pastinaken, Möhren und anderes Wurzelgemüse lockern die Erde auf. Durch Gründüngung oder einer Reihe Kompost zwischen den Mischkulturen bietet man dem Boden eine extra Ladung Mikroorganismen und Kleinstlebewesen. Kein Umgraben ist hier nötig und nebenbei gelangen wertvolle Nährstoffe in die angrenzenden Beete.

Gute Nachbarn

Tomaten, Spinat, Borretsch und Zwiebeln enthalten Saponine, die andere angrenzende Pflanzen im Wachstum positiv beeinflussen können. Diese Saponine schützen die Pflanzen ebenso vor Insektenfraß und Pilzbefall.

Schlechte Nachbarn

Die Frage ist jetzt: Warum mögen sich einige Pflanzen dann nicht? Pflanzen können auch Gase und Säuren absondern, welche für andere wiederum schlecht sind. Sie werden daran gehindert, zu wachsen. Bestimmte Kulturen locken auch aktiv Pilze an, welche für sie dann zwar positiv sind, aber für die andere Pflanze nicht.

PFLANZENFAMILIEN - EINFACHE ERKENNUNGSMERKMALE

KORBBLÜTLER: Hier bestehen die Blütenstände aus vielen kleinen Röhren- und oder Zungenblüten. Diese sehen im Gesamten wie eine große Blüte aus. Dazu gehören: Radicchio, Artischocke, Topinambur, Salate, Haferwurzel, Schwarzwurzel, Endivie, Chicoree, Sonnenblume, Gänseblümchen und Kamille.

KREUZBLÜTLER: Diese Blüten sind charakteristisch kreuzförmig angelegt. Als Früchte werden Schoten / Schötchen ausgebildet. Die Pflanzenfamilie umfasst zwischen 3.000 und 4.000 Pflanzengattungen. Viele Kulturpflanzen ordnen sich ihr unter, daher hat sie auch eine große Bedeutung in unserer Ernährung. Dazu zählen: Rucola, Kohlrabi, Rettich, Rotkohl, Wirsing, Spitzkohl, Winterrettich, Mairübe, Meerrettich, Blumenkohl, Radieschen, Rosenkohl, Brokkoli, Grünkohl, Pak Choi, Tatsoi, Weißkohl, Chinakohl und die Steckrübe.

GÄNSEFUSSGEWÄCHSE: Sie sind eine Unterfamilie der Fuchsschwanzgewächse (Amaranthaceae). Es gibt mehr als 100 Gattungen und über 1.000 bekannte Arten. Der Gänsefuß ist eine ein- oder mehrjährige krautige Pflanze. Er gedeiht an Äcker- und Wegesrändern. Die Blätter sind länglich bis eiförmig und die Blütezeit ist von Sommer bis Herbst. Die Gemüsearten Spinat, Rote Bete und Mangold sowie Amarant & Garten-Melde gehören dazu. Von ihnen Saatgut zu gewinnen, ist sehr simpel.

DOLDENBLÜTLER: Diese Pflanzenfamilie ist groß und für ihre charakteristischen Blütenstände in Form einer Doppeldolde bekannt. Möhren, Sellerie, Fenchel, Pastinake, Dill und Petersilie tragen eine solch schöne Dolde im Blütenstadium. Die Pflanzen zeichnen sich oft durch gefiederte Blätter und hohle Stängel aus. Auch kräftige Pfahlwurzeln werden gebildet. Es gibt essbare und giftige Pflanzen dieser Familie.

ZWIEBELGEWÄCHSE: Zwiebel- oder Lauchgewächse sind eine Unterfamilie der Amaryllisgewächse. Oft bilden sie Zwiebeln, Knollen oder Rhizome als Überdauerungsorgane aus. Die Blätter sind häufig lang und röhrenförmig mit einer parallel verlaufenden Nervatur. Viele dieser Arten werden als Nahrungs- oder Zierpflanzen genutzt. Die Gattung enthält um die 260 Arten, dazu zählen Schalotten, Bärlauch, Porree, Schnittlauch, Zwiebeln und Knoblauch. Durch ihre antibakterielle Wirkung unterstützen diese Gemüsearten deine Gesundheit.

KÜRBISGEWÄCHSE: Stammen aus Mittel- und Südamerika. Vor etwa 7.000 Jahren wurden die ersten Kürbisse von indianischen Ureinwohnern kultiviert. Durch die Entdeckung von Christoph Kolumbus gelangten im späten 15. Jhd. die ersten Kürbisse nach Europa. Danach eroberten sie schnell die europäische Küche. Zucchini, Melonen, Gurken und natürlich Kürbisse zählen dazu. Sämtliche Vertreter sind krautige Pflanzen, die kletternde oder kriechende Ranken bilden und meist große Blüten besitzen.

HÜLSENFRÜCHTLER: Gefiederte Blätter, Hülsenfrüchte, schmetterlingsartige Blüten und Knöllchenbakterien an den Wurzeln zum Stickstoff sammeln, zeichnen diese Pflanzenfamilie aus. Die Samen sind ein wichtiger Bestandteil in unserer Ernährung. Diese sind reich an pflanzlichem Eiweiß, Ballaststoffen, Vitaminen und Mineralstoffen wie Eisen und Folsäure. Darunter zählen die Dicke Bohne, Kichererbse, Sojabohne, Stangenbohne, Buschbohne, Lupine, Linsen u. v. m. An Platz 1 vom Eiweißgehalt steht die Sojabohne.

NACHTSCHATTENGEWÄCHSE: Diese sind in der ganzen Welt verbreitet und besitzen einen großen Wirtschaftsfaktor. Dazu zählen Tomaten, Kartoffeln, Paprika, Physalis, Auberginen, Chili und auch Tabak. Die Sortenauswahl zum Beispiel bei Tomaten ist riesig. Die Blüten sind meist fünfzählig, mit verwachsenen Kelch- und teilweise auch Kronblättern. Viele Nachtschattengewächse enthalten Alkaloide, dies sind chemischen Stoffe, welche je nach Art giftig, aber auch medizinisch wirksam sein können.

INKABEET / MILPABEET

Eine jahrtausendealte traditionelle Mischkultur der Ureinwohner Amerikas, welche aus Bohnen, Kürbis und Mais besteht. Auch bekannt unter dem Namen die „Drei Schwestern“.

MEDITERRANE MISCHKULTUR

Tomaten und Basilikum sind nicht nur kulinarisch eine Traumkombination, sondern unterstützen sich auch gegenseitig.

EINE HAND WÄSCHT DIE ANDERE!

Zwiebelfliegen mögen den Duft von Möhren nicht und Möhrenfliegen können Zwiebelgewächse nicht riechen.

FREILANDTOMATE, PALMKOHL, PASTINAKE & ZUCCHINI

Wächst nicht nur gern in direkter Nachbarschaft. Alle vier Komponenten ergeben gemeinsam ein leckeres Gericht.

NÄHRSTOFFBEDARF VON PFLANZEN

Pflanzengruppe	Nährstoffbedarf	Wer gehört dazu?
Schwachzehrer	Geringer Nährstoffbedarf, sie sind anspruchslos und können auch auf nährstoffarmen Böden wachsen.	Erbsen, Buschbohnen, Radieschen, Feldsalat, Rucola, fast alle Kräuter, Postelein und Topinambur
Mittelzehrer	Mittlerer Nährstoffbedarf, sie profitieren von den Nährstoffen, die der Boden nach den Starkzehrern noch enthält.	Möhren, Pastinaken, Zwiebeln, Knoblauch, Fenchel, Kohlrabi, Rote Bete, Kopfsalat, Schnittsalat, Spinat
Starkzehrer	Hoher Nährstoffbedarf, besonders Stickstoff, um viel Blattmasse zu bilden, sowie Kalzium / Magnesium & Co., um Früchte zu bilden.	Kartoffeln, Tomaten, Paprika, Aubergine, Kürbis, Gurken, sämtliche Kohlarten, Zucchini, Lauch, Mais, Spargel

WAS BEDEUTET FRUCHTFOLGE?

Die Fruchtfolge zu planen oder sich erst einmal im Vorhinein Gedanken zu machen, ist nicht nur wichtig für die Bodengesundheit, sondern auch für den späteren Ertrag auf deiner Fläche. Oft wird dieser Schritt ausgelassen oder vergessen. Doch damit unser Boden nicht irgendwann ausgelaugt ist und nicht mehr kann, ist es sinnvoll, die Pflanzen in Stark-, Mittel- und Schwachzehrer zu unterteilen.
Unter einer Fruchtfolge versteht man den Wechsel diverser Kulturen auf einem Beet in einem oder mehreren Jahren. Dies basiert auf dem Nährstoffbedarf der jeweiligen Pflanzen, um den Boden nicht auszubeuten.

Wie funktioniert sie?

Was machst du also jetzt, wenn dein Frühjahrskohl geerntet ist? Neuen Kohl nachpflanzen? Definitiv nicht! Würden wir immer wieder dieselbe Kultur in ein und dasselbe Beet pflanzen, wird nicht nur der Boden immer magerer, sondern auch die Pflanzen immer schwächer. Frei nach dem Motto „Du bist, was du isst", gilt dies auch für Pflanzen. Viren, Bakterien, Schädlinge und Pilze siedeln sich im Laufe einer Kultur in genau diesem Beet an. Wenn Kohl auf Kohl folgt, ist die Wahrscheinlichkeit sehr hoch, dass die neue Runde Kohl schneller mit Krankheiten befallen wird als die erste. Daher ist es immer ratsam, nach einem Starkzehrer einen Mittel- oder Schwachzehrer zu pflanzen. Am besten gleich auch aus einer anderen Pflanzenfamilie.
Ein Beispiel wäre hier, nach Kohl einen Schwachzehrer wie Salat oder Kräuter zu pflanzen. Auch eine Gründüngung mit Pflanzen wie Bienenfreund, Sonnenblume, Buchweizen oder Lupine kann eine Fruchtfolge sein.
Auf den nächsten Seiten zeige ich euch Beispiele aus dem Dorfgarten.

Wildblumenfeld in direkter Nachbarschaft zum Dorfgarten

Sei stolz auf dich! Du hast schon viel geschafft! Und dein Garten darf mit dir wachsen.

INSEKTENMAGNET

Basilikum lädt Hummeln und Bienen zu einem Festmahl ein. Ein Vorteil für die Aubergine, da sie dann gleich mit bestäubt wird.

OPTIMALE AUSNUTZUNG

Der Sellerie als Tiefwurzler und die Zucchini als Flachwurzler ziehen aus unterschiedlichen Bodenschichten ihre Nährstoffe.

Service

BEZUGSQUELLEN: MEINE EMPFEHLUNGEN

Saatgut

Don Giardion Saatgut Manufaktur
www.saatgutmanufaktur.de

Bingenheimer Saatgut AG
www.bingenheimersaatgut.de

Borago GmbH
https://borago.de

Gartengemüsekiosk
www.gartengemuesekiosk.de

Dreschflegel GbR
https://dreschflegel-saatgut.de

Kokopelli
https://kokopelli-semences.com

SortenWerkstatt
www.sortenwerkstatt.net

Tomatenshop Birgit Kempe
https://onlineshop.birgit-kempe-tomaten.de

Der Tomatenflüsterer – Thomas Seidl
www.tomatenfluesterer.at

ReinSaat GmbH
www.reinsaat.at

Rühlemann’s Kräuter und Duftpflanzen
www.kraeuter-und-duftpflanzen.de

Sativa Biosaagut GmbH
www.sativa.bio

Gartengeräte

Hartmann Brockhaus
www.hartmann-brockhaus.de

Borago GmbH
https://borago.de

FVG Folien-Vertriebs-GmbH
https://fvg-shop.de

Gardena Deutschland GmbH
www.gardena.com

Effektive Mikroorganismen und Bodenpflege
EMIKO
www.emiko.de

Gartenbekleidung

www.womens-plants.com

REGISTER

Fette Seitenzahlen verweisen auf Abbildungen.

BILDNACHWEIS

Mit 221 Farbfotos von Lucia Schauerhammer.
Und 3 Illustrationen von Lisana Hartl.

IMPRESSUM

Umschlaggestaltung von Claudia Eder – Konzept und Gestaltung –.
Mit 5 Farbfotos von Lucia Schauerhammer.

Mit 226 Farbfotos und 3 Illustrationen.

Alle Angaben in diesem Buch sind sorgfältig geprüft und geben den neuesten Wissensstand bei der Veröffentlichung wieder. Da sich das Wissen aber laufend in rascher Folge weiterentwickelt und vergrößert, muss jeder Anwender prüfen, ob die Angaben nicht durch neuere Erkenntnisse überholt sind. Dazu muss er zum Beispiel Beipackzettel zu Dünge-, Pflanzenschutz- bzw. Pflanzenpflegemitteln lesen und genau befolgen sowie Gebrauchsanweisungen und Gesetze beachten.
Die Blütenfarben sind sortenabhängig, daher können auch Farben auf dem Markt sein, die im Buch nicht genannt werden. Die Blütezeiten sind ebenfalls sortenabhängig, aber auch klima- und standortabhängig. Die angegebenen Wuchshöhen und -breiten der Pflanzen sind Mittelwerte. Sie können je nach Nährstoffgehalt des Bodens variieren. Verschiedene Sorten können deutlich größer oder auch kleiner wachsen als die Art.

Unser gesamtes Programm finden Sie unter **kosmos.de.**
Über Neuigkeiten informieren Sie regelmäßig unsere Newsletter, einfach anmelden unter **kosmos.de/newsletter**

Gedruckt auf chlorfrei gebleichtem Papier.

ISBN 978-3-440-18285-7
Projektleitung: Birgit Grimm
Redaktion: Birgit Grimm
Gestaltungskonzept: GRAMISCI Editorialdesign, München
Gestaltung und Satz: Katrin Kleinschrot
Produktion: Klaus Jost
Druck und Bindung: Mohn Media Mohndruck GmbH, Gütersloh
Printed in Germany / Imprime en Allemagne

FSC www.fsc.org MIX Papier | Fördert gute Waldnutzung FSC® C011124